JN025536

いちからわかる

下水道事業の実務

－法律・経営・管理のすべて－

著 藤川 眞行・福田 健一郎

ぎょうせい

はしがき

　下水道事業（Urban Water Management）は、都市の家庭や工場等で生じる排出水や、都市に降った雨水を管理（排除・処理）する事業（都市水管理事業）ですが、我が国で初めて下水道事業が着手された明治14年（1881年）から数えて141年の年月が、また、戦後の本格的な整備の基盤となった新下水道法が制定された昭和33年（1958年）から数えても64年の年月が経とうとしています。

　戦後の着実な下水道整備により、汚水処理については、下水道処理人口普及率は約80.1％（令和2年度末。汚水処理人口普及率は約92.1％）に達し、また、雨水排除についても、徐々にではありますが対策が進んでいます。

　下水道があって当たり前の環境におかれると、どうしてもその意義を忘れがちになりますが、産業革命後の人類の歴史を少し振り返っただけでも、その意義の重みを理解することができます（後掲の**別添**参照）。

　現在の下水道事業全体の状況を俯瞰すると、家庭排水の適切な処理が行われていない地域（人口約1,000万人）に対する課題（未普及問題）が依然として残るほか、積み上がった莫大なストック（施設）の適切な維持管理・改築更新、激甚化・頻発化する豪雨災害への対応、エネルギー・資源利用への貢献、インフラの海外展開等の新たな課題も山積している状況です。

　特に、ストックの適切な維持管理・改築更新に関する課題については、地方公共団体の人員制約・財政制約の中で、どうのように体制を確保していくかが極めて大きな課題となっていますが、課題に

対応していくためには、例えば、ゼネラリスト化する事務・技術職員の人材育成、行政・民間の適切な連携体制の構築、民間事業者の事業環境の整備をはじめ、具体的な問題を解いていく必要があります。

　このような背景の中で、著者が、6年ほど前、国土交通省水管理・国土保全局下水道部管理企画・指導室長在任時に、行政・民間において下水道に携わる職員が下水道事業の制度について全体を見渡すことができる書籍が必要ではないか、との声に応え、出版した書籍が、『都市水管理事業の実務ハンドブック―下水道事業の法律・経営・管理に関する制度のすべて―』（日本水道新聞社）です。
　この度、（株）ぎょうせいの方から、ぜひ、当該書籍の制度を俯瞰する部分を全面的に改訂する形で、新たな書籍を出版できないか、とのお話を受け、コンセッションをはじめ下水道事業の深い知見を有するEYストラテジー・アンド・コンサルティング（株）の福田健一郎氏の協力を得て、発刊する運びとなったのが本書です。
　職務の傍ら執筆したものであり、内容については至らない点もあろうかと思いますが、少しでも、下水道に携わる方々のお役に立てば、これに過ぐるものはありません。

　末筆になりますが、本書の元となった『都市水管理事業の実務ハンドブック』の発刊を推奨していただくとともに、本書の発刊に向けた調整も行っていただいた元・日本下水道新聞（日本水道新聞社）編集長であり、一昨年惜しまれつつ逝去された故・石塚晋氏に対しまして、心からのお礼を申し上げたいと存じます。ありがとうございました。
　発刊に当たっては、日本水道新聞社の代表取締役・社長の篠本勝

氏、出版企画事業部長の村仲英俊氏をはじめ、日本水道新聞社の多大なご理解とご支援を受けました。また、国土交通省下水道部の職員の皆様、倉橋武雄氏（伊勢原市国県事業推進担当部長。元・国土交通省下水道部管理企画指導室経営係長）、EY新日本有限責任監査法人の石橋幸登氏（公認会計士）には、ご多忙の中、貴重なアドバイスを頂きました。ここに、厚く御礼申し上げます（もちろん、内容について、著者に責任があることは言うまでもありません。）。

令和4年9月

令和2年19号台風にも負けず、
遡上鮎が増加に転じた多摩川近くの寓居にて

藤川　眞行

　なお、本書中、見解にわたる部分については、著者が所属していた組織のものでなく、著者個人のものであること、また、本出版については、原稿料を辞退していることを念のために申し添えます。

　また、具体的な下水道事業の実務においては、その時点における制度や基準等を確認してください。その際には、毎年度発刊されている『下水道事業の手引』（国土交通省水管理・国土保全局下水道部監修。日本水道新聞社発行）、『下水道経営ハンドブック』（下水道事業経営研究会編集。ぎょうせい発行）が大変便宜です。

国民統合と下水道—英国の歴史に学ぶ—

1. 国民の分裂と国民の統合

　米国のバラク・オバマ元大統領は、平成25年（2013年）1月に行われた2期目の就任挨拶の中で、「we must do these things together, as one nation and one people.（我々は、一つの国家、一つの国民として、協力して取り組まなければなりません。）」と述べ、貧富の格差で分裂する米国民の統合を鮮明に訴えたのは有名な話であるが、その後も、いわゆるグローバル化の進展によって、米国に限らず、世界中の多くの国において、貧富の格差拡大とそれに伴う国民分裂の危機が、益々深刻なものとなっている。

　もっとも、貧富の格差を抑制し、国民分裂を回避して、「一つの国民」、「一つの国家」を守っていこうという思想には長い歴史があるのであり、近代社会の政治の場で最初に大きく打ち出したのは、英国首相・保守党党首ベンジャミン・ディズレーリ（首相・自由党党首。グラッド・ストーンとともに二大政党制を確立）だといわれている。

　彼が活躍した19世紀の英国は、産業革命に伴う都市化や資本主義の急激な進展で、都市部において著しい貧富の格差が生じ、例えば、若い子女が何の教育も与えられることなく長時間労働を強制され、不衛生な都市環境の下で感染症にかかり早逝するなど、貧しい労働者が劣悪な環境で虐げられるという事態が出現した時代でもあった。長い歴史の中で王室を保持し国民統合を保ってきた英国も分裂の危機に瀕する状況にあったのである。

　そのような状況の中で、彼は、小説家としても活躍したが、壮年の頃、『シビル、或いは二つの国家』という社会派小説を執筆し、その中で労働者の悲惨な生活を描き出し、現在の英国はもはや、貧富の格差というレベルを超えて、二つの国民に分断された分裂した国家になったとして、格差社会に大きな警鐘を鳴らしている。

　後年、彼は、首相に任命されるが、このような著しい社会格差に対する問題意識は変わることなく、「政治家がまず考えるべきことは国民の健康」、「政治改革より社会改革の方が重要」と主張して、国民統合を図るための社会政策に力を入れた。これは、近代議会制の中で、社会政策が、自由党（レフト）よりも、むしろ保守党〈トーリー党〉（ライト）の側から、大きく打ち出されたものとして、政治史上「トーリー・デモクラシー」と呼ばれているものである。具体的に、彼は、労働者の保護や公教育の改善に加え、下水道の整備を中心とする公衆衛生の向上に特に力を入れ、首相在任時に、各種立法を行っている。

　このような彼の社会政策の展開は、後年、選挙権を拡大する中でも保守党が大きく勢力を伸ばし、復活を果たすことにつながっていくことになるのだが、政治史上このような社会政策の展開が評価されるのは、都市化、資本主義の急激な進展により、必然的に発生する著しい社会格差による国民分裂の危機を救った点にあると考えられる。もし、この時期、資本主義体制の下での社会政策が大きく打ち出され、政策モデル化されることがなければ、その後の世界各国は、社会格差が際限なく拡大し、階層間の利益のぶつかり合いに終始し、国民・国家が分裂状況を呈するか、独裁体制の下で強権的に体制を維持しようとするか、いずれにしても、人類の歴史は相当暗いものになっていたであろう。

2. 大悪臭（グレート・スティンク）とロンドンの下水道整備
　―ディズレーリとバザルゲットのコラボレーション―

　先に触れたとおり、ディズレーリは、下水道を中心とする公衆衛生の向上にも力点をおき、後年、首相在任時に、各種立法を行っているが、他方、英国の下水道整備については、ロンドンの下水道整備を大きく進めた技術者として、ジョゼフ・バザルゲットがよく知られており、英国の「下水道の父」とも呼ばれている。

　彼が活躍を始めた19世紀中頃の英国のロンドンでは、河川への汚物の流入等により、コレラが大流行し、数万人に及ぶ犠牲者を出したこともあり、下水道の整備が喫緊の課題となっており、彼もメンバーであった担当部局の下水道委員会が様々な計画を立案するが、区々たる地方自治体のエリアや教会のエリアに分断されて、なかなか整備が進まない状況にあった。

　そのような中、1858年に、英国史上でも有名な「大悪臭（グレート・スティンク）」と呼ばれるトピック・イシューが発生する。ロンドンのテムズ川で、小雨により大悪臭が発生し、国会議事堂（テムズ川河畔にあるウェストミンスター宮殿）で議会も開催できない事態が発生したことから、これが契機となり、バザルゲットの献身的な貢献も功を奏して、5年少々でロンドンの下水道の管路網が整備されることとなった。

　さて、翻って、1858年の「大悪臭」の時には、ディズレーリは、この公衆衛生上の大問題に対してどのような態度を示したのか。当時、彼は、まだ首相になる前で、少数与党であったダービー内閣の財務大臣のポストにあったのだが、ディズレーリの評伝で、英国の政治家の必読の書といわれる、ロバート・ブレーク男爵の『ディズレイリ』では、この時期、少数与党だったこともあり、ディズレー

リは、財務大臣としてさしたる業績を残していないとしている。

　しかし、ビクトリア時代のロンドンを扱った書籍等では、ディズレーリは、大悪臭を発生させたテムズ川のことを、「言いようのないほど耐えられない恐怖をまき散らす地獄の水溜まり」だと言って、下水道整備の担当部局である公共事業局（下水道委員会が改組）に対して、下水道の管路網整備計画について何でも実行できる権限を与え、公共事業局の技師長バザルゲットの尽力もあり、ロンドンの下水道の管路網が整備されたとされている（参照：『ヴィクトリア時代のロンドン』（L.C.B. シーマン著）、『英国上下水道物語』（ヒュー・バーティキング等著））。

　英国分裂の危機の一つの要因と言っていい公衆衛生問題から来る大きな試練を、政治家ディズレーリと技術者バザルゲットが一体となって克服し、国民統合を守ったといってもいいのではないだろうか。

3.　下水道システムを持続していくということ

　日本の話である。日本においては、戦前、著しい格差の解消について、一定の努力が行われたものの、安定的なシステムの構築には必ずしも成功しなかった。戦後においては、英国のディズレーリの社会政策にもあった、労働者の適正な権利保護、公教育の充実、下水道の整備をはじめ様々な社会政策が行われ、比較的社会格差が少ない豊かな経済社会が構築され、国民・国家の分裂という事態に立ち至ることはなかった。

　しかしながら、バブル崩壊後の長期的な経済低迷や、少子高齢化、グローバル経済の進展という構造変化もあり、現在、例えば、労働者の所得格差の拡大や、子どもの学力低下・格差拡大等の問題も深刻化しており、英国が19世紀に直面した国民・国家の分裂という

危機は他人事であると言い切ることはできるのだろうか。

　下水道についても、現在、今後予想される維持管理費・改築更新費の増大や、地方自治体の財政逼迫・担当職員の減少等を背景として、下水道システムを持続していくことが大きな課題となっている。

　下水道は、普段、一般国民が目にするものでないが、「大切なものは目に見えない」といわれるように、このシステムの持続ができなければ、世界に冠たる都市化社会の我が国において公衆衛生が確保できず、19世紀に英国で発生した深刻な公衆衛生上の問題より大きな問題が顕在化することになろう。そして、仮に、他の大きな社会問題も連鎖的に発生するような事態が発生すれば、国民・国家の分裂の兆しが生じてくることも否定できないのではないだろうか。

　英国の歴史に学べば、我が国においても、深刻な社会問題の発生を防止し、国民統合を維持する上で、下水道システムを持続していくことには、大きな意義があると言わねばなるまい。

　下水道システムの持続に向け、下水道関係者に課せられた責任は重い。

目　　次

はしがき

第1章　下水道のあらまし

第2章　下水道に関する法律

第3章　下水道事業の経営手法

第4章　下水道の管理運営

■図表目次

第 1 章

下水道のあらまし

1 下水道の歴史

1）世界の下水道

　世界における下水道の起源には様々な説がありますが、各戸で出た下水を集めて川に流すしっかりとした築造物（レンガ製）が最初にできたのは、紀元前2000年頃、インダス文明で栄えた都市（モヘンジョ・ダロ等）であるとされています。その後、メソポタミア、古代エジプト、古代ギリシャ、古代ローマの都市などでも紀元前の時代に下水道が築造されることとなります。

　しかしながら、なんといっても、産業革命に伴う急速な都市化という事態に対応するための、近代の本格的な下水道が誕生したのはヨーロッパの主要都市ということになります。産業革命により、農村部の農民が都市部に大量流入し、低賃金の労働者として雇用されることになりましたが、人のし尿を肥料として利用する習慣がなく、市街地が非常に不衛生であったことから、コレラ等が蔓延し、都市によっては数万人規模で犠牲者が出るという事態が発生しました。このような弊害を改善するため、ヨーロッパの主要都市では、ハンブルク（1842年）、ロンドン（1856年）をはじめ、順次、下水道が整備されていくことになります。

　しかし、当時の下水道は、下水を都市部から離れた河川や海に流すだけのもので、水質を浄化する機能はなく、放流河川等で様々な環境問題が発生することとなりました。このため、水質浄化に関する技術開発が進められましたが、1928年には、ロンドンのベクトン処理場で初めて活性汚泥法に対応する施設に改造するための工事が着手され、その後、活性汚泥法等による水質浄化が進んでいくこととなります。

2）日本の下水道

　我が国においては、し尿は肥料として利用されていたものの、明治維新以降の都市化の進展の中で、市街地で浸水等が発生すると非常に不衛生な状態となり、ヨーロッパと同様の問題が生じるようになりました。明治10年（1877年）には、東京でコレラが流行し、10万人以上の犠牲者を出すという事態も発生しています。

　このため、横浜（明治14年（1881年））、東京・神田（明治17年（1884年））を皮切りに、明治時代には、全国の6都市（横浜、東京に加え、大阪市、仙台市、広島市、名古屋市）で下水道の整備が始まり、昭和15年（1940年）には、全国約50都市で下水道整備が行われることとなりました。

　下水の水質浄化については、大正11年（1922年）に、東京の三河島処理場で散水ろ床法による処理が開始され、昭和5年（1930年）に、名古屋の堀留処理場で活性法汚泥法による処理が開始されるなど当時の世界最先端の取組が行われています。ただし、当時においては、下水道の公共投資の中に占める割合は、鉄道、治山治水、道路等に比べて低く、戦争の激化もあり、下水道の整備は戦後の高度経済成長の時期まで大きく停滞することとなりました。

　戦後、下水道の整備は、戦災復興事業、失業対策事業により進められてきましたが、戦後の大規模な台風の襲来等により都市水害が頻繁に発生し、下水道整備の促進が大きな課題になってきました。このため、昭和26年（1951年）には、全国下水道促進会議が創設されるなど全国的に下水道促進運動の流れが生まれることとなり、昭和33年（1958年）には、新たな下水道法が制定されることとなりました。昭和40年（1965年）には、省庁の縦割り計画（建設省・厚生省）でしたが、第1次下水道整備5箇年計画等が策定されています。

　これらと前後して、我が国では、昭和30年代後半以降、高度経済成長とこれに伴う人口・産業の都市集中により、公共用水域の水質汚濁が深刻化し、下水道整備の促進が喫緊の課題となってきました。このため、昭和42年（1967年）には、建設省（管きょ）と厚生省（終末処理場）に分かれていた下水道の所管を基本的に建設省に一元化した上で、第2次下水道整備5箇年計画が策定されました。さらに、昭和45年（1970年）には、いわゆる公害国会において、公共下水道について終末処理場を必置とするなど環境法制としての下水道の枠組みが整備されました。以降、累次の下水道整備5箇年計画等により、我が国の下水道整備は着実に進展することとなります。

2　下水道の役割

　下水道法においては、下水道の目的として、都市の健全な発達、公衆衛生の向上、公共用水域の水質の保全が挙げられていますが、より具体的には、主たるものとして、1）汚水の排除、2）水洗化、3）雨水の排除・浸水防止（内水対策）、4）公共用水域の水質保全、5）エネルギー・資源の有効利用、6）民間の経済活力の創出・向上があります。

1）汚水の排除

　家庭や工場等で発生する汚水が速やかに排除されず、市街地に滞留すると、悪臭や蠅・蚊等の発生源となり、不衛生であるばかりでなく、様々な感染症が発生することにもつながります。下水道は、良好な都市環境・居住環境を確保する上で不可欠な施設です。

2) 水洗化

汲み取り式の便所は、家庭やその周辺に悪臭を発生させ、不快感を与えるとともに、蝿・蚊等の発生源ともなります。最近では一般的に、下水道は快適な生活を享受する上で不可欠な施設と考えられていると言っていいでしょう。下水道は、水洗化を通じても、良好な都市環境・居住環境を確保する上で必要であるとともに、若者の来訪・定住促進などにも寄与する施設です。

3) 雨水の排除・浸水防止（内水対策）

我が国は、モンスーン地帯に位置し、これまで、梅雨時季等の集中豪雨や台風による強雨により、繰り返し浸水被害を受けてきましたが、近年、降雨が局地化・集中化・激甚化してきており、対策が急務となっています。下水道は、市街地に降った雨水を、浸水を起こすことなく、河川等に流出させる役割（いわゆる内水対策）を担っており、雨水の適切な排除・浸水防止を図る上で不可欠な施設です。

4) 公共用水域の水質保全

我が国の公共用水域の水質汚濁の状況は、近年、相当に改善されてきましたが、東京湾をはじめ閉鎖性水域では、未だに赤潮等が発生し、生態系への悪影響が生じています。工場排水は、それぞれ工場での排出規制により対応することも考えられますが、家庭排水は排出規制にはなじまず、下水道により終末処理場で汚濁負荷を減らすことが必要です。下水道は、高度処理による汚濁負荷の大幅な削減も含め、公共用水域の水質保全に不可欠な施設です。

5) エネルギー・資源の有効利用

近年の技術革新の進展等により、下水道がエネルギー・資源の有

効利用の拠点になってきています。終末処理場で発生する汚泥については、建設資材に活用することに加え、メタンガスや水素を抽出し、エネルギーとして利用したり、堆肥化（コンポスト化）やりん採取により肥料として活用したりする取組が進んでいます。

　また、下水道を流れる下水や終末処理場からの放流水は、気温に比べ温度が比較的一定しているため、ヒートポンプを使って、冷暖房や給湯等に利用する取組も少しずつですが広がってきています。

　さらに、下水を処理した再生水は、都市の貴重な水資源として、修景・親水利用、融雪利用、雑用水利用等がされています。

　技術革新やその普及の進展、そして近年急激に進んでいる脱炭素化への社会全体の流れを考えると、今後、下水道がエネルギー・資源の有効利用に果たす役割は益々大きいものになっていくでしょう。

6）民間の経済活力の創出・向上

　その他、下水道は、包括的民間委託や公共施設等運営権方式（コンセッション方式）を含むPPP／PFIの推進、我が国の技術の国際標準化等による水ビジネスの国際展開、管きょ空間への光ファイバーの設置や下水処理等へのAI（人工知能）の活用などによるデジタル社会への寄与、水に関する技術革新（例：水再生、エネルギー利用）に対するフィールドの提供等を通じて、民間の経済活力の創出・向上にも貢献しています。

3　下水道の仕組み

1）下水道とは

　下水道は、下水、すなわち、汚水と雨水を排除し（適切に導き）、処理する施設です（図表1参照）。

図表1　下水道の仕組み（分流式のイメージ）

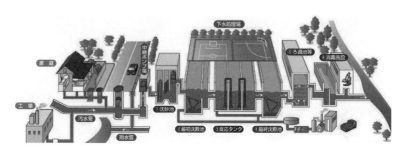

　家庭や工場等で発生した汚水については、各家庭・工場等に設けられた排水設備を通じて、道路下の下水道の管きょに流れ込みます。そして、基本的には自然流下で、又は地形の状況等によって自然流下が困難な場合には中継のポンプ場で一度汲み上げて、終末処理場まで流し、終末処理場で放流水の水質基準まで処理されて、河川、湖沼、海に放流されます。

　宅地や道路等の公共施設の上に降った雨水については、排水設備等を通じて、道路下の下水道の管きょ等に流れ込みます。そして、これも、自然流下又は必要に応じてポンプアップして、分流式の下水道の場合には、近くの河川等に放流され、また、合流式の下水道の場合には、基本的には終末処理場を通って、河川等に放流されます。

2) 分流式と合流式

　下水道には、汚水と雨水を別々の管きょで集めて流す「分流式」と、同じ管きょで集めて流す「合流式」があります（**図表2**参照）。

図表2　分流式と合流式

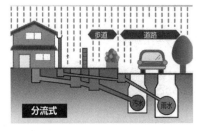
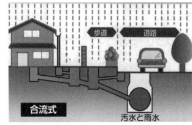

　合流式は、一つの管きょ建設で足り、分流式と比べ一般的に管きょの建設費用は安くなることから、昭和30年代までは主流でした。しかし、合流式は、多くの雨水が管きょに流れ込んだ場合、一定程度を超える部分（晴天時の汚水量の概ね3〜5倍程度を超える部分）は、終末処理場までいく前に、途中の管きょやポンプ場の雨水吐き等において、直接河川等に放流されてしまいます。大量の雨水で汚水は薄まりますが、特に降り始めの時には、管きょ内に溜まっている汚物等が混じるため、オイルボールや高濃度の大腸菌が含まれる水が河川等に放流されることになります。このことから、昭和40年代以降は、分流式が主流となっています。

　なお、合流式下水道については、以上の問題に対応するため、雨天時でも分流式と遜色のない水準の確保を図る合流改善事業（例：雨水吐きにおける夾雑物等の除去施設、雨水貯留施設等の設置）が行われています。

3）下水処理の仕組み

①　下水の処理方法

　下水の処理は、終末処理場において行われますが、我が国の終末処理場では、基本的に、微生物を活用した生物処理法で行われています。生物処理法には、浮遊生物法（下水の中に浮遊する小さな微生物の塊（活性汚泥）を生じさせることにより有機物を分解する方法)、固着生物法（固体表面に生物膜を発生させ、下水をこれに接触させて有機物を分解する方法）がありますが、多くの終末処理場では、浮遊生物法で行われています（図表3参照）。

図表3　主な生物処理方法

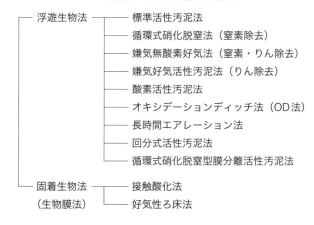

②　一般的な下水処理の流れ

　最も一般的な標準活性汚泥法で、下水処理の流れを見ると（図表4参照）、まず、沈砂池等で砂や大きなゴミを取り除いた後、最初沈殿池において、下水を2時間程度緩やかに流すことで、下水中に浮遊している比較的沈みやすい固形物質を除去します。

図表4 終末処理場の概要

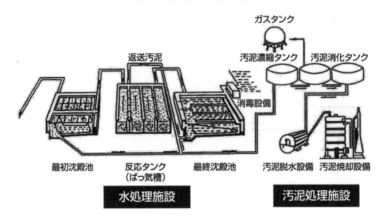

ガスタンク

返送汚泥　　　　　　　汚泥濃縮タンク　汚泥消化タンク

消毒設備

最初沈殿池　　　反応タンク　　最終沈殿池　　汚泥脱水設備　汚泥焼却設備
　　　　　　　（ばっ気槽）

水処理施設　　　　　　　　　　　汚泥処理施設

　次に、反応タンクにおいて、活性汚泥を加え、空気を吹き込みながら攪拌することで、好気性（酸素の中で増殖する）微生物の力で活性汚泥が増殖します。反応タンクの中で、下水と発生汚泥が6～8時間程度攪拌されると、下水の中に溶けている有機性の汚濁物は、活性汚泥の中に吸着され、吸収されます。このことにより、最初沈殿池で沈殿しなかった細かい浮遊物質も活性汚泥として沈殿しやすい形となります。

　さらに、最終沈殿池において、反応タンクの下水は上澄みの水と活性汚泥に分けられます。上澄みの水は消毒設備で塩素等により消毒された後、放流水の水質基準を満たす水として河川等に放流されます。沈殿した活性汚泥の一部は再び反応タンクに送り返され、活用されるとともに、残りの活性汚泥は最初沈殿池で発生した汚泥とともに汚泥処理施設で処理されます。

③　高度処理

　高度処理とは、公共水域における水質環境基準の達成等のために、通常の処理方法よりも浮遊性有機物（SS）、有機性汚濁物質（BOD（生

物化学的酸素要求量）^{注)}、COD（化学的酸素要求量）で測定）^{注)}等の除去を行ったり、通常の処理では除去し難い窒素、りん等の除去を行う処理方法です。高度処理の処理方法は、除去対象物質に応じて様々なものがあります（**図表5**参照）。

注)・BOD（生物化学的酸素要求量）：水中の有機物（汚れ）を微生物が分解するときに必要な酸素量を表しており、汚れがひどいほど多くの酸素を必要とするため、値が大きくなる。

・COD（化学的酸素要求量）：水中の被酸化性物質（汚れ）が一定条件の下で、酸化剤によって酸化されるのに要する酸素量を表しており、汚れがひどいほど多くの酸素を必要とするため、値が大きくなる。

・BODとCODの違い：河川は流下時間が短く、その間に酸素を消費するような生物によって酸化されやすい有機物を問題にすればよいのに対し、湖沼、海域は滞留時間が長いため有機物の全量を問題にしなければならない。このため、河川の水質基準にはBODが、湖沼・海域の水質基準にはCODが採用されている。

図表5　高度処理の処理方法

除去対象物質		処理方法
有機物	浮遊性	急速ろ過法
		凝集沈殿法
	溶解性	生物膜ろ過法
		膜分離法
		オゾン酸化法
		接触酸化法
		活性炭吸着法
栄養塩類	窒素	循環式硝化脱窒法
		硝化内生脱窒法
		ステップ流入式多段硝化脱窒法
		高度処理オキシデーションディッチ法
		嫌気―無酸素―好気法
		凝集剤併用型循環式硝化脱窒法
	りん	凝集剤併用型硝化内生脱窒法
		凝集剤添加活性汚泥法
		嫌気―好気活性汚泥法
		晶析脱りん法
		吸着脱りん法

④ 汚泥の処理

下水処理で発生する汚泥は、下水量の1〜2%程度生じるものであり、含水率は98〜99%程度です。

沈殿池から引き抜かれた汚泥は、まず、汚泥濃縮タンクで濃縮され、次に、汚泥消化タンクで、一定期間（20日程度）空気を遮断した状態におかれることにより、一部は炭酸ガス、メタンガス、硫化水素等の気体となり、その余は安定した固形物である消化汚泥（含水率95%程度）になります。発生したメタンガス等については、エネルギー利用されることも増えてきています。なお、この汚泥消化タンクでの工程を経ずに、すぐに次の汚泥脱水施設での工程にいく場合もあります。

消化汚泥は、汚泥脱水施設で脱水処理され、脱水ケーキ（含水率70〜75%程度）になります。脱水ケーキは、昔は、そのまま埋立処分されたり、汚泥焼却施設で焼却灰にされて埋立処分されることが多かったのですが、近年は有効利用を図るため、脱水ケーキや焼却灰を建設資材や肥料等に加工して活用するようになってきています。

4 下水道等の種類

下水道法の下水道の種類は、公共下水道【広義】（公共下水道【狭義】＋特定環境保全公共下水道＋特定公共下水道）、流域下水道、都市下水路があります。また、下水道以外にも、汚水処理施設として、様々なものがあります（図表6、図表7参照）。

図表6　下水道の種類

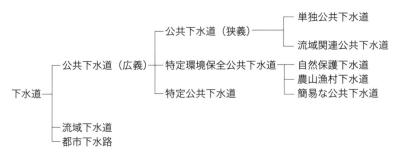

図表7　下水道等の種類のイメージ

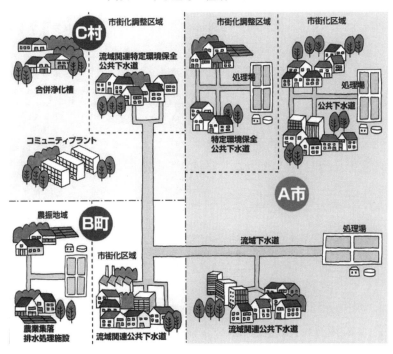

①　公共下水道【広義】

公共下水道とは、下水道法において、「主として市街地における下水を排除し、又は処理するために地方公共団体が管理する下水道

で、終末処理場を有するもの又は流域下水道に接続するものであり、かつ、汚水を排除すべき排水施設の相当部分が暗渠（きょ）である構造のもの」、又は「主として市街地における雨水のみを排除するために地方公共団体が管理する下水道で、河川その他の公共の水域若しくは海域に当該雨水を放流するもの又は流域下水道に接続するもの」（いわゆる「雨水公共下水道」）とされています（下水道法第2条第3号）。

なお、雨水公共下水道とは、平成27年（2015年）の下水道法改正で創設されたものですが、これは、平成19年（2007年）の都道府県構想の見直し通知（農水省・国交省・環境省）以前に都道府県構想において公共下水道の整備を予定していた区域のうち、その後の整備手法の見直しの結果、公共下水道による汚水処理を行わないこととしたところで、雨水対策を行うものです。都市下水路と同様に、使用料収入等が入るものではないため、経理は特別会計でなく、一般会計で行われます。

一般的に、流域下水道に接続していないものを「単独公共下水道」、流域下水道に接続しているものを「流域関連公共下水道」といいます。

公共下水道のうち、市街化区域（市街化区域が設定されていない都市計画区域については、既成市街地とその周辺地域）以外の区域において設置されるものを、「特定環境保全公共下水道」といいます。特定環境保全公共下水道のうち、自然公園（自然公園法第2条）の区域内の水域を保全するために設置されるものを「自然保護下水道」、公共下水道の整備により生活環境の改善を図る必要がある区域において設置されるものを「農山漁村下水道」、処理対象人口が概ね1,000人未満で水質保全上特に必要な地区において設置されるものを「簡易な公共下水道」といいます。

また、公共下水道のうち、特定事業者の事業活動に主として利用

されるものを「特定公共下水道」といいます（下水道法施行令第24条の2第1項第1号イ）。具体的には、当該公共下水道の計画汚水量のうち、事業者の活動に起因し、又は付随する計画汚水量が概ね3分の2以上を占めるものとされています。

　なお、以上の特定環境保全公共下水道、特定公共下水道以外の公共下水道を狭義の公共下水道（公共下水道【狭義】）といいます。

　公共下水道の建設・管理は、原則として市町村が行いますが、二つ以上の市町村が受益し、かつ、関係市町村のみでは設置することが困難であると認められる場合には、都道府県も、関係市町村と協議して（市町村の協議は当該市町村の議会の議決が必要）、行うことができることとされています（下水道法第3条）。

　また、建設段階の代行制度として、（地共）日本下水道事業団による代行制度（日本下水道事業団法第30条～第36条）、（独）都市再生機構による代行制度（独立行政法人都市再生機構法第18条～第24条）、過疎地域自立促進特別措置法に基づく都道府県による代行制度（過疎地域自立促進特別措置法第15条）があります。

②　流域下水道

　流域下水道とは、下水道法において、「専ら地方公共団体が管理する下水道により排除される下水を受けて、これを排除し、及び処理するために地方公共団体が管理する下水道で、二以上の市町村の区域における下水を排除するものであり、かつ、終末処理場を有するもの」、又は「公共下水道（終末処理場を有するもの…に限る。）により排除される雨水のみを受けて、これを河川その他の公共の水域又は海域に放流するために地方公共団体が管理する下水道で、二以上の市町村の区域における雨水を排除するものであり、かつ、当該雨水の流量を調整するための施設を有するもの」（いわゆる「雨水流

域下水道」）とされています（下水道法第2条第4号）。

　流域下水道の建設・管理は、原則として都道府県が行いますが、市町村も都道府県と協議して行うことができることとされています（下水道法第25条の22）。

　また、建設段階の代行制度として、日本下水道事業団による代行制度（日本下水道事業団法第30条～第36条）があります。

　市町村合併によって、従来は2以上の市町村の区域における下水を排除していた流域下水道が1の市町村の区域における下水を排除することとなった場合の取扱いについては、市町村の合併の特例に関する法律（令和12年3月31日まで効力）に基づく特例措置により、当該流域下水道を管理していた都道府県と合併により新しくできた市町村との協議により、10年を超えない範囲で引き続き当該下水道を流域下水道とみなすこととされています（市町村の合併の特例に関する法律第20条）。

③　都市下水路

　都市下水路とは、下水道法において、「主として市街地における下水を排除するために地方公共団体が管理している下水道（公共下水道及び流域下水道を除く。）で、その規模が政令で定める規模以上（注：開始箇所の管きょの内径等が50cm以上で、かつ、雨水を排除する面積が10ha以上）のものであり、かつ、当該地方公共団体が…指定したもの」とされています（下水道法第2条第5号）。

　いわゆる普通河川を河川法適用河川（準用河川を含む。）又は都市下水路等の下水道に指定する場合の区分については、流域面積等により区分する基準が通達で示されています。ただし、この区分は、あくまで普通河川を法適用河川又は下水道に指定する場合の区分であり、下水道と河川の役割分担については、内水（河川に流入する

までの雨水）の排除を行うのが下水道で、外水（河川の中に流入する雨水）の排除を行うのが河川というのが原則となります。

都市下水路は、雨水公共下水道と同様に、使用料収入等が入るものではないため、経理は特別会計ではなく、一般会計で行われます。

都市下水路の建設・管理は、原則として市町村が行いますが、二つ以上の市町村が受益し、かつ、関係市町村のみでは設置することが困難であると認められる場合には、都道府県も、関係市町村と協議して（市町村の協議には当該市町村の議会の議決が必要）、行うことができることとされています（下水道法第26条）。

また、建設段階の代行制度として、日本下水道事業団による代行制度（日本下水道事業団法第30条〜第36条）があります。

④　その他の汚水処理施設

下水道以外の汚水処理施設としては、浄化槽法の規定する浄化槽として整備される施設として農業集落排水施設、漁業集落排水施設、林業集落排水施設、簡易排水施設、小規模集合排水処理施設、個別排水処理施設、特定地域生活排水処理施設、合併浄化槽が、また、廃棄物処理法の規定するし尿処理施設として整備される施設としてコミュニティ・プラントがあります（図表8参照）。

農業集落排水施設、漁業集落排水施設、林業集落施設、簡易排水施設、小規模集合排水処理施設とは、市町村等が整備する集合処理施設としての汚水処理施設です。このうち、農業集落排水施設、漁業集落排水施設、林業集落施設、簡易排水施設は、農業集落、漁業集落、林業集落、中山間地域において整備されるもので、農林水産省の補助事業の対象となっているものです。また、小規模集合排水処理施設は、農業集落排水施設等の対象とならない施設で、地方単独事業として行われるもので、総務省により地方財政措置が講じら

第1章

下水道のあらまし

図表8 下水道以外の汚水処理施設の概要

		施設	説明		
浄化槽法	浄化槽	農業集落排水施設	農業振興地域内で実施され、計画規模20戸以上おおむね1000人以下	集合処理施設	農林水産省
		漁業集落排水施設	漁業集落で実施され、計画人口がおおむね100〜5000人		
		林業集落排水施設	森林整備市町村の林業振興地域で実施され、20戸以上（原則）を林業地域総合整備事業で実施		
		簡易排水施設	山村振興地域等で実施され、3戸以上20戸未満		総務省
		小規模集合排水処理施設	2戸以上20戸未満の規模で実施（地方単独事業）		
		個別排水処理施設	集合処理区域の周辺地域等において市町村が設置する合併処理浄化槽（地方単独事業）	個別処理施設〔市町村が設置〕	
		特定地域生活排水処理施設	水道水源の水質保全などを目的として市町村が設置する合併処理浄化槽		環境省
		合併処理浄化槽	個人などが設置する際に市町村が補助して整備される（公営企業としてではなく、一般会計等で実施）	〔個人が設置〕	
廃棄物処理法	し尿処理施設	コミュニティ・プラント	集合住宅など計画人口101人以上30000人未満で整備（公営企業としてではなく、一般会計等で実施）		

れているものです。

　個別排水処理施設、特定地域生活排水処理施設とは、市町村等が整備する個別処理施設としての浄化槽です。個別排水処理施設は、集合処理を行う地域の周辺地域等において整備されるもので、地方単独事業として行われ、総務省により地方財政措置が講じられているものです。また、特定地域生活排水処理施設は、水質保全等の政策上必要な地域において整備されるもので、環境省の補助事業の対象となっているものです。

　合併浄化槽とは、個人が整備する個別処理施設としての浄化槽です。下水道整備が当分の間見込めないなど一定の要件に合致する場合には、環境省の補助事業の対象となります。

　コミュニティ・プラントとは、住宅団地等で整備される施設で、廃棄物処理法の規定するし尿処理施設となるものです。一定の要件に合致する場合には、環境省の補助事業の対象となります。

5　下水道整備の現状と取組

1）汚水対策

　我が国の下水道等の汚水処理施設の整備は、これまで着実に向上してきており、令和2年度末の全国の汚水処理人口普及率は、92.1％に達しています。つまり、日本の総人口の92.1％について、下水道、農業集落排水又は浄化槽によって汚水が処理されているということになります。総人口に占める下水道によって汚水処理がされている人口は80.1％となっています（図表9、図表10参照）。

図表9　汚水処理・下水道処理人口普及率の推移

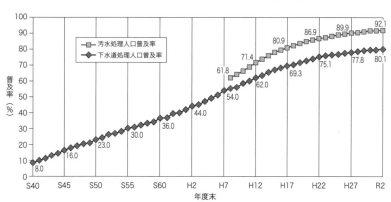

※平成22〜令和2年度末の下水道処理人口普及率は、東日本大震災の影響で調査不能な市町村があるため参考値。
　（平成22年度末は、岩手県、宮城県、福島県の3県を除いた44都道府県の数値）
　（平成23年度末は、岩手県、福島県の2県を除いた45都道府県の数値）
　（平成24、25、26年度末は、福島県を除いた46都道府県の数値）
　（平成27年度末は福島県の調査不能な11市町村を除いた数値）
　（平成28年度末は福島県の調査不能な10市町村を除いた数値）
　（平成29年度末は福島県の調査不能な8町村を除いた数値）
　（平成30年度末は福島県の調査不能な7町村を除いた数値）
　（令和元年度末は福島県の調査不能な3町村を除いた数値）
　（令和2年度末は福島県の調査不能な2町を除いた数値）

図表10　下水道処理人口普及率（都市規模別）（令和2年度末）

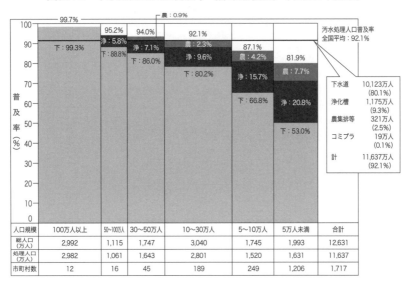

（注）1. 総市町村数1,717の内訳は、市 793、町 741、村 183（東京都区部は市数に1市として含む）
　　　2. 総人口、処理人口は1万人未満を四捨五入した。
　　　3. 都市規模別の各汚水処理施設の普及率が0.5％未満の数値は表記していないため、合計値と内訳が一致しないことがある。
　　　4. 令和2年度調査は、福島県において、東日本大震災の影響により調査不能な町（大熊町、双葉町）を除いた数値を公表している。

　今後とも、我が国全体で家庭等の汚水が適切に処理されて河川等の公共用水域に放流されるよう、汚水処理人口普及率を確実に向上させていく必要がありますが、先に述べたように、汚水処理施設としては、下水道のほかに、農業集落排水、合併浄化槽をはじめ様々なものがあり、適切な役割分担の下に整備が進められていくことが重要です。

　このため、各汚水処理施設の担当省（国土交通省、農林水産省、環境省）においては、「都道府県構想」の策定や、都道府県構想に基づく様々な事業間連携を推進しています。都道府県構想とは、各都道府県において、市町村の意見を反映して策定している汚水処理施

設の整備に関する総合的な計画で、各汚水処理施設で整備する区域等が明記されています。

　3省においては、平成26年（2014年）1月に、人口減少や地方公共団体の厳しい財政状況を踏まえ、新たに都道府県構想のマニュアルを策定し、都道府県構想の見直しを推進しています（**図表11**参照）。

図表11　都道府県構想の見直しの概要

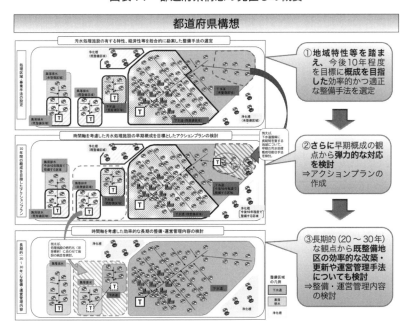

本マニュアルにおいては、

・汚水処理施設の未整備地域について、各汚水処理施設間の経済比較を基本としつつ、人口減少等を踏まえた各汚水処理施設の整備区域の徹底的な見直しを行うこと

・その上で、今後10年程度を目途に汚水処理施設の概成を目指した各汚水処理施設の整備に関するアクションプランの策定を行う

こと

・その際には、整備に長期間要する地域については、アクションプランの中で、早期に汚水処理の概成が可能な手法（地域の実情に応じた早期・低コストな下水道整備技術や発注手法等の全面的採用、浄化槽の活用等）を導入するなど弾力的な対応を検討すること

等が明記されています。

10年概成に向けたアクションプランの策定を含めて、都道府県構想の見直しは、令和2年（2020年）3月末までに全ての都道府県において完了しています。国土交通省では、引き続き、取り巻く状況の厳しさを踏まえ、真に下水道が必要な区域への更なる見直しや、低コスト技術の採用及び官民連携手法の導入など、可能な限り早期の整備に努めるよう関係者に要請しています。

2）雨水対策

市街地における浸水を防止するため、雨水管やポンプ場等の整備など下水道の整備が進められてきましたが、令和2年度末の都市浸水対策達成率（都市浸水対策の整備対象地域の面積のうち、概ね5年間に1回発生する降雨に対して安全度が確保された区域の面積の割合）は、約60％にとどまっています。

また、近年、時間雨量50㎜を上回る降雨の観測回数が全国的に増加し、豪雨による被害額も増加傾向にあることから、市街地の浸水対策についてはハード整備を含め総合的に推進していくことが求められています。

このため、効果的なハード対策、ソフト対策の強化、自助の促進からなる総合的な浸水対策を推進しています（**図表12**参照）。

図表12　総合的な浸水対策のイメージ

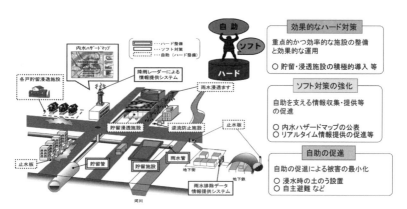

第2章

下水道に関する法律

1　下水道関連法の歴史

　現行の下水道法の概要については、**2**で解説を行いますが、現行の下水道法は、累次の改正等により、非常に多様な内容になっています。内容の理解に資するよう、まず、下水道関連法の歴史について解説を行います。

1）旧下水道法の制定（明治33年（1900年））

　我が国では、明治14年（1881年）に横浜で、明治17年（1884年）に東京・神田で下水道整備が着手され、その後、明治27年（1894年）に大阪市、明治32年（1899年）に仙台市でも下水道の建設が始まりました。このような中、下水道に関する法制度の整備も求められるようになり、明治33年（1900年）に旧下水道法が制定されました（図表13参照）。

図表13　旧下水道法の制定（明治33年）

　旧下水道法においては、市が下水道を築造するときには内務大臣の認可を受けなければならないこと、下水道の整備された区域内の土地の所有者等は下水道を使用する義務を負うこと等が規定されました。下水道法については、公物管理法の世界において接続義務（利用強制）が規定されていることの特殊性がよく語られますが、旧下水道法の制定当初から当該規定が入っていることが注目されます。

　また、大正8年（1919年）には、旧都市計画法が制定され、都市計画事業について受益者負担金制度が設けられたことから、下水道事業を都市計画事業として行う場合には、受益者負担金を求めることができることとなりました。

2）新下水道法の制定（昭和33年（1958年））

　昭和32年（1957年）1月には、上水道・下水道・工業用水道に関する所管をめぐる水行政の混乱を解消するため、上水道は厚生省、終末処理場を除く下水道は建設省、終末処理場は厚生省、工業用水道は通商産業省とする閣議決定が行われました。

　この閣議決定を踏まえ、それぞれ基本法制を整備することになりましたが、下水道については、昭和33年（1958年）に、旧下水道法を全面的に改正する形式で新下水道法が制定されました（図表14参照）。

図表14 新下水道法の制定（昭和33年）

　新下水道においては、
・下水道を、公共下水道と都市下水路とし、管理は基本的に市町村
　が行うこと
・公共下水道について、構造の基準、水質の基準、終末処理場の維
　持管理の基準を政令で定めること、都市下水路について、構造の
　基準、維持管理の基準を政令で定めること
・公共下水道の排水区域内は排水設備の設置義務を課すこと（接続
　義務）、悪質な下水を排除する者に対し、条例で、除害施設の設
　置等を義務付けることができること
・公共下水道について、使用料を徴収することができること
・公共下水道について、設計と工事の監督管理の資格制度を設ける
　こと
・公共下水道台帳を整備すること
・国は、公共下水道・都市下水路の設置・改築等について補助する
　ことができること
等が規定されました。

　昭和38年（1963年）には、生活環境施設整備緊急措置法が制定され、昭和38年度を初年度とする第1次下水道整備5箇年計画が策定されました（閣議決定は昭和40年（1965年））。この計画は、省庁の所管別に、下水道整備［管路等の整備］（建設省）と終末処理場整備（厚生省）の二つの計画からなるものでした。

3) 下水道法の改正・下水道整備緊急措置法の制定（昭和42年（1967年））

　昭和41年（1966年）には、行政管理庁から、建設省と厚生省とに所管が分かれていた下水道行政について、その一元化を図る旨の勧告が出されましたが、この勧告も踏まえ、昭和42年（1967年）2月には、下水道の所管は終末処理場の維持管理を除き建設大臣とする等、下水道行政の所管に関する閣議了解が行われました。この閣議了解を受け、同年6月には、所管の変更に必要な下水道法の改正等が行われました。

　また、この下水道法改正と同時に、下水道整備緊急措置法が制定され、昭和42年度を初年度とする第2次下水道整備5箇年計画が策定されました。この計画は、終末処理場の整備も含めた下水道整備の一元的な計画となっており、これにより、終末処理場と管きょの調和の取れた整備が図られることとなりました。

4) 下水道法の改正（いわゆる公害国会におけるもの）（昭和45年（1970年））

　昭和30年代後半以降、我が国の高度経済成長と、これに伴う人口・産業の都市集中により、公共用水域の水質汚濁が益々深刻化してきました。このような状況の中で、昭和45年（1970年）11月～12月には、いわゆる公害国会が開催され、公害対策基本法等における「経

済との調和条項」が削除されるとともに、各種公害対策法の整備が行われました。水質汚濁対策については、水質汚濁防止法が制定されるとともに、下水道法の大幅な改正が行われました（図表15参照）。

図表15　下水道法の改正（昭和45年）

この下水道法の改正においては、

・下水道法の目的に、「公共用水域の水質の保全に資すること」を追加すること

・公共下水道について、終末処理場を有すること、又は流域下水道に接続することを要件とすること

・流域下水道に関する諸規定を設けること

・都道府県知事は、水質環境基準を達成するため、建設大臣の承認を受けて、流域別下水道整備総合計画を定めなければならないこととすること

・公共下水道の処理開始後3年以内に、既存の汲み取り便所の水洗化を義務付けること

・工場排水等について、使用開始の届出、水質の測定を義務付けること

・終末処理場の維持管理を建設大臣と厚生大臣の共管とし、建設大
　臣の勧告の規定を設けること

等の改正が行われました。

5）下水道事業センター法の制定（昭和47年（1972年））

　昭和47年（1972年）には、地方公共団体の技術者不足に対応し、下水道整備を促進するため、下水道事業センター法が制定されました。下水道事業センターとは、地方公共団体の要請に基づいて、下水道に関する技術的援助、技術者養成等を行う組織で、この法律に基づき、昭和47年11月に設立されました。

　なお、下水道事業センター法については、その後、全国における下水道の建設事業の増大という状況に対応するため、昭和50年（1975年）には、日本下水道事業団法に全面改正されました。この改正を受けて、建設工事の受託を主要な業務とする現在の日本下水道事業団が昭和50年6月に発足しました。また、平成14年（2002年）には、平成13年（2001年）の特殊法人等整理合理化計画（閣議決定）を踏まえ、日本下水道事業団法の改正が行われ、平成15年（2003年）10月には、地方公共団体が全額出資する地方共同法人に組織の変更が行われました。

6）下水道法の改正（昭和51年（1976年））

　昭和51年（1976年）には、公共用水域の水質保全を推進するため、下水道法の改正が行われ、悪質下水を排除した者に対する直罰制度の創設、特定施設の事前届出・計画変更制度の創設、悪質下水を排除するおそれのある者に対する改善命令制度の創設等の改正が行われました。

第2章

下水道に関する法律

7) 下水道法の改正（平成8年（1996年））

　平成8年（1996年）には、高度情報化社会や環境問題への対応を図るため、下水道法の改正が行われ、国・地方公共団体・第1種電気通信事業者による下水道の暗きょ内への光ファイバー等の電線の設置の解禁、発生汚泥等の減量に関する下水道管理者の責務の規定化が行われました。

8) 下水道法の改正（平成11年（1999年））

　平成11年（1999年）には、地方分権の推進を図るため、地方分権の推進を図るための関係法律の整備等に関する法律が制定され、この法律で下水道法の改正が行われました。

　この下水道法の改正においては、

・流域別下水道整備総合計画の策定等について、建設大臣の承認制度を廃し、県際河川、複数都県にまたがる広域的閉鎖水域に係るものについて、建設大臣と協議し、同意を得る制度とすること

・建設大臣の工事に対する監督等や、建設大臣・厚生大臣の終末処理場の維持管理に関する勧告制度を廃止し、建設大臣・厚生大臣の下水道管理者に対する指示制度を設けること

・事業計画の認可、指示、報告徴収の権限を一部のものを除き、建設大臣等から都道府県知事に委譲すること（ただし、都道府県知事の指示については、緊急の場合、建設大臣等は都道府県知事に必要な指示をすることを指示できる）

等の改正が行われました。

9) 下水道法の改正（平成17年（2005年））

　平成17年（2005年）には、高度処理、広域的な雨水対策等を推進するため、下水道法の改正が行われ、流域別下水道整備総合計画

について削減目標量の設定・地方公共団体が連携して高度処理を行う手法の導入、雨水のみを排除する流域下水道であるいわゆる「雨水流域下水道」制度の創設、特定事業場における事故時の措置の義務付けが行われました。

10) 下水道法の改正（平成23年（2011年））

平成23年（2011年）には、地方分権の一層の推進を図るため、地域の自主性及び自立性を高めるための改革の推進を図るための関係法律の整備に関する法律が制定され、この法律で下水道法の改正が行われました。

この下水道法の改正においては、

・流域別下水道整備総合計画の策定等の一部について国土交通大臣の同意を得ることとしていた制度を協議のみでよい制度とすること

・公共下水道・流域下水道の事業計画の策定等に係る国土交通大臣・都道府県知事の認可制度について、原則として、市町村が設置する場合には都道府県知事への同意の必要ない協議制度に、都道府県が設置する場合には国土交通大臣への同意の必要ない協議制度（ただし、流域別下水道整備総合計画を策定している場合は届出制度）に変更すること

・公共下水道、流域下水道の構造は、政令で基準を定めることとされていたが、公衆衛生上重大な危害が生じ、又は公共用水域の水質に重大な影響が及ぶことを防止する観点以外のものについては、政令で定める基準を参酌して下水道管理者が条例で基準を定めることとすること

・終末処理場の維持管理は、政令で基準を定めることとされていたが、政令で定める基準を参酌して下水道管理者が条例で基準を定めることとすること

等の改正が行われました。

11）下水道法・日本下水道事業団法・水防法の改正（平成27年（2015年））

　平成27年（2015年）には、多発する浸水被害に対処するとともに、下水道管理を適切なものとするため、水防法等の一部を改正する法律として、下水道法・日本下水道事業団法・水防法の改正が行われました（図表16参照）。

図表16　下水道法等の改正（平成27年）

　下水道法の改正においては、
・主として市街地における雨水のみを排除する公共下水道であるいわゆる「雨水公共下水道」制度を創設すること
・公共下水道管理者、流域下水道管理者は、公共下水道、流域下水道を良好な状態に保つように維持、修繕しなければならないこととし、維持、修繕に関する技術上の基準（点検、災害時の応急措置に関する基準を含む。）等は政令で定めることとすること
・事業計画の記載事項に排水施設の点検の方法・頻度を追加し、こ

れらが上記の技術上の基準に適合していなければならないこととすること
・災害時の速やかな維持、修繕の確保を図る災害時維持修繕協定制度を創設すること
・下水道管理者間の広域的な連携による下水道の管理の効率化を図るための協議会制度を創設すること
・浸水被害対策区域（著しい浸水被害が発生するおそれがある区域で、公共下水道の整備のみでは浸水被害の防止を図ることが困難なところ。条例で指定）について、雨水貯留施設に係る管理協定制度、条例による雨水貯留・浸透施設の義務付け制度を創設すること
・公共下水道の排水施設（暗きょ部分）、流域下水道の施設に、熱交換器、量水標等を設置することができるものとすること
等の改正が行われました。
　また、日本下水道事業団法の改正においては、
・これまで受託してきた終末処理場や幹線管きょ等の建設に加え、浸水の再度災害防止のため特に緊急に行う管きょの建設、高度の技術等を要する管きょの建設を受託できることとすること
・これまで受託してきた終末処理場等の維持管理に加え、管きょ等の維持管理を受託できることとすること
・下水道管理者からの要請があり、かつ、下水道管理者の実施体制等を勘案して日本下水道事業団が下水道管理者に代わって行うことが適当である場合には、建設の代行を行うことができる特定下水道工事の代行制度を創設すること
等の改正が行われました。
　さらに、水防法の改正においては、
・都道府県知事、市町村長は、管理する下水道の排水施設等で雨水出水（内水浸水）により相当な損害が生ずるおそれがあるとして

指定したものについて、警戒特別水位を定め、当該水位に達した
ときは、直ちに水防管理者等に通知、一般に周知させなければな
らないこととすること

・都道府県知事、市町村長は、上記で指定した排水施設等について、
想定最大規模降雨により雨水を排除できなくなった場合に浸水が
想定される区域を雨水出水浸水想定区域として指定するものとす
ること

・水防計画に、下水道管理者の協力が必要な事項を下水道管理者の
同意を得て記載できるとするとともに、下水道管理者は、これに
ついて協力しなければならないこととすること（後者は下水道法
で規定）

等の改正が行われました。

12）「流域治水関連法」の一環としての下水道法・水防法の改正（令和3年（2021年））

　令和3年（2021年）には、近年、全国各地で激甚化・頻発化する
水災害に対処するために、「流域治水関連法」の整備が行われ、そ
の一環として、下水道法、水防法が改正されました。
　下水道法の改正においては、
・下水道で浸水被害を防ぐべき目標となる降雨（計画降雨）を、下
水道管理者が定める事業計画に位置付け、施設整備の目標を明確
化すること

・河川等から下水道への逆流を防止するために設けられる樋門等の
開閉に係る操作ルールの策定を義務付けること

・民間による雨水貯留浸透施設の整備計画の認定制度を創設し、認
定事業者に対して、国・地方公共団体からの補助、日本下水道事
業団による支援等の措置を設けること

等の改正が行われました。

　また、水防法の改正においては、下水道に関連する部分として

・想定最大規模降雨によるハザードマップ作成エリア（浸水想定区
　域）を、現行の地下街を有する地域以外の地域にも拡大すること
等の改正が行われました。

13）下水道法の改正（令和4年（2022年））

　令和4年（2022年）には、地方分権の一層の推進を図るため、地
域の自主性及び自立性を高めるための改革の推進を図るための関係
法律の整備に関する法律が制定され、この法律で下水道法の改正が
行われました。

　この下水道法の改正においては、流域別下水道整備総合計画の策
定等の一部について国土交通大臣に協議するとしていたものを不要
としました。

2　現行下水道法の概要

　以上の経緯を経て、現行下水道法の概要は、図表17のとおりと
なっています。

第2章

下水道に関する法律

図表17　現行下水道法の概要

下水道法の目的（1条）

流域別下水道整備総合計画の策定に関する事項並びに公共下水道・流域下水道・都市下水路の設置等の管理の基準等を定めて、下水道の整備を図り、もって都市の健全な発達及び公衆衛生の向上に寄与し、あわせて公共用水域の水質の保全に資する。

下水道の種類・管理主体（2条、3条、25条の22、26条）

①公共下水道（原則、市町村管理）：以下のいずれかのもの
　イ：主に市街地の下水を排除・処理する下水道で、終末処理場を有するか、流域下水道に接続するもので、排水施設の相当部分が暗渠であるもの
　ロ：主に市街地の雨水のみを排除する下水道で、公共の水域・海域に放流するもの又は流域下水道に接続するもの（雨水公共下水道）
②流域下水道（原則、都道府県管理）：以下のいずれかのもの
　イ：主に地方公共団体が管理する下水道からの下水を排除・処理するための下水道で、二以上の市町村の下水を排除し、終末処理場を有するもの
　ロ：終末処理場を有する公共下水道からの雨水のみを受けて、これを公共の水域・海域に放流するための下水道で、二以上の市町村の雨水を排除し、雨水の流量を調節するための施設を有するもの（雨水流域下水道）
③都市下水路（原則、市町村管理）：主に市街地の下水を排除するための一定規模以上の下水道（①・②を除く）で、地方公共団体が指定したもの

流域別下水道整備総合計画（2条の2）

①都道府県が水質環境基準を達成するため、流総計画を策定し国土交通大臣へ届出が必要（一部のみ）
②下水道整備の基本方針、実施順位、放流先の要素、燐の削減目標量：燐削減方法等を記載

下水道に関する基準等

①構造基準（7条、28条）
②樋門の操作規則（7条の2）
③維持修繕基準（7条の3、28条）
④放流水質基準（8条）
⑤終末処理場の維持管理（21条2項）
⑥発生汚泥の処理基準（21条の2）

公共下水道の事業計画（4条〜6条）、流域下水道の事業計画（25条の23〜25条の25）

①下水道管理者が事業計画を策定し、国土交通大臣又は都道府県知事と協議が必要
②記載内容について、降水量・人口・土地利用状況を考慮、構造基準と適合、排水施設の点検方法・頻度が維持修繕基準と適合、予定処理区域・予定排水区域が施設能力に相応、流総計画・都市計画と適合

浸水被害対策区域における特別の措置（25条の2〜25条の21）

①都市機能が集積し、浸水のおそれがあり、土地利用の状況により公共下水道のみでは浸水防止が困難な区域を、条例で「浸水被害対策区域」に指定
②浸水被害対策区域内の排水設備の基準について、条例で、一時貯留・地下浸透に関する基準を付加できる（10条3項の構造基準の特例）
③浸水被害対策区域内の民間雨水貯留施設について、管理協定（承継効付き）を締結すると、公共下水道管理者が管理することができる
④民間による雨水貯留浸透施設の整備計画について、認定を行い、認定事業者に対して、費用補助や日本下水道事業団による支援等を措置

私人への規制

①排水区域内における排水設備の設置義務（10条）
②除害施設の設置命令・立入検査（12条・12条の11・13条）
③特定施設への規制（12条の2〜12条の9）
④下水道への物件設置の制限（24条・25条の29・29条）

負担金・使用料・補助金

①兼用工作物の費用負担（17条）
②施設を損傷した者の費用負担（18条）
③排水設備設置者の費用負担（19条）
④公共下水道使用者からの料金徴収（20条）
⑤下水道に関する国の補助（34条）

下水道に関する連携制度

①災害時に民間の協力を得るための災害時維持修繕協定の締結（15条の2）
②水防管理者への水防協力（23条の2）
③広域連携による効率的な下水道管理推進のための協議会（31条の4）

指示・監督、罰則

国土交通大臣・環境大臣による工事・維持管理の指示（37条）、法律に違反した者に対する監督処分（38条）、罰則（44条〜51条）

　下水道法については、①公物管理法としての側面、②環境法（水環境法）としての側面、③経済行政法としての側面を有する、非常にユニークな法律となっています。

　まず、①公物管理法としての側面については、**図表17**の中の網かけ部分が該当しますが、道路法、河川法等の公物管理法と同様に、公物の内容、管理者、事業開始や供用開始の手続、構造基準・維持管理基準、私人に対する規制、費用負担等、公物管理に関する事項が規定されています。

　なお、先に述べたように、平成27年（2015年）の下水道法改正で、浸水被害対策区域内における各種制度が創設され、令和3年度の下水道法改正でも新たに「雨水貯留浸透施設」の認定制度が導入され

ました。これらは、内容自体は私人に対し一定の規制をかけるものですが、公物の管理に必要な規制というよりも、そもそも管理者による公物の建設が困難な場合に、民間の協力を得て公物管理の目的を達成しようとするものであり、公物管理法としても特色のある規定です（これまでも、特定都市河川浸水被害対策法のような特別法ではこのような制度はありましたが、公物管理の基本法にこのような制度を設けたのは初めてではないでしょうか。）。

　また、②環境法（水環境法）としての側面については、**図表17**の中の破線を引いた部分が該当しますが、これらは、さらに、最低限の水質を確保するための制度と、よりよい水質（水質環境基準）の達成を図るための制度に分けて考えることができます。前者については、例えば、構造基準（第7条）、放流水質基準（第8条）、排水区域内における排水設備の設置義務（第10条）、除害施設の設置命令・立入検査（第12条・第12条の11・第13条）・特定施設への規制（第12条の2～第12条の9）といった規定が該当しますが、これらの規定は、水質汚濁防止法の特別法ともいえる内容となっています。後者については、例えば、流域別下水道整備総合計画（第2条の2）、構造基準（第7条）、放流水質基準（第8条）といった規定が該当しますが、これらの規定は、環境基本法（水質環境基準の法的根拠）の実施法ともいえる内容となっています。なお、これらの制度については、第4章**4**の水質規制のところで詳しく解説します。

　さらに、③経済行政法としての側面については、**図表17**の中の太線を引いた部分（下水道使用料）が該当します。

　下水道使用料の規定は、昭和33年（1958年）の新下水道法制定までは、地方自治法第225条に基づき条例により下水道使用料を徴収している団体があったことに対して、下水道の利用強制という性格から反論があったことを踏まえて、立法的解決を図った規定（第

第2章
下水道に関する法律

20条第1項）であるとされています。

　これは妥当な見解であると考えられますが、さらに重要なのは、使用料を定めるに当たっての原則（①下水の量及び水質その他使用者の使用の態様に応じて妥当なものであること、②能率的な管理の下における適正な原価を超えないものであること（総括原価主義的な考え方）、③定率又は定額をもって明確に定められていること、④特定の使用者に対し不当な差別的取扱をするものでないこと）が規定されているということです（第20条第2項）。

　使用料がこのような原則に基づき定められないといけないのは、下水道は生活や産業活動の基本インフラとして極めて公共性が高い事業であり、かつ、地域独占的な性格を有するものであるためと考えられます。このような料金に関する規定は、概ね同様の性格を有する水道事業、電気事業（一般送配電事業）、ガス事業（一般ガス導管事業）等に係る各事業規制法においても設けられているものです（例：水道法第14条第2項、電気事業法第18条第3項、ガス事業法第48条第4項）。ただし、井戸水の利用等の存在や、電力事業・ガス事業の自由化の進展を考慮すると、下水道事業の公共性・地域独占性はさらに強いものと言えるでしょう。

　これらの法分野は、経済行政法と呼ばれている分野ですが、その意味で、下水道法は経済行政法としての側面を有すると言っていいでしょう。

　なお、下水道については、下水道法で各種制度が設けられているほか、地方公共団体の条例でも法委任規定のほか各種制度が設けられています。国からの技術的助言として、標準下水道条例が示されていますので、適宜参照する必要があります。

第**3**章

下水道事業の経営手法

1 下水道事業の経費と財源（総論）

1）下水道事業の経費

　下水道事業の経費と財源を理解するためには、まず、経費の基本的な区分、内容について理解する必要があります。

　経費については、大きく、

・処理場や管路等の施設を新たに建設したり、古い施設を改築更新したりするために必要な経費である「建設改良費」

【施設の建設・改良の段階】

・日々事業を運営していくに当たって必要な経費である「管理運営費」

【事業運営の段階】

の二つに分けられます。

　このうち、管理運営費は、施設保有に係る実質的なコストである資本費と、維持管理費の二つから成り立っています。

　資本費とは、公営企業会計を適用している場合には、減価償却費、企業債等の支払利息、企業債等の取扱諸費であり、公営企業会計を適用していない場合には、減価償却費が分かりませんので、地方債等の元利（元本＋金利）償還費、地方債等の取扱諸費となります。

　他方、維持管理費は、処理場やポンプ施設等を動かしたり、各種施設等を清掃、点検、修繕したりするといった日々の維持管理に必要な経費です。

　なお、建設改良費、管理運営費とも、地方公共団体内部での経費（人件費、物件費等）と、外注するために必要な経費（請負費、委託費等）の両方が含まれています。

　建設改良費、管理運営費である資本費・維持管理費について、ここ10年の推移を見ると、図表18のとおり、資本費が緩やかな減少傾向にある一方、建設改良費が横ばいで推移し、維持管理費は微増

傾向といった状況にあります。

図表18　建設改良費と資本費・維持管理費の推移

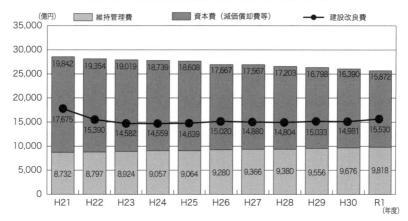

※建設改良費：公共下水道、特定環境保全公共下水道、特定公共下水道、流域下水道を対象と
　　　　　　　しているが、流域下水道建設負担金については、二重計上を防ぐため控除し
　　　　　　　ている。
※維持管理費・資本費：公共下水道、特定環境保全公共下水道、特定公共下水道を対象としてい
　　　　　　　るが、維持管理費・資本費の中には、流域下水道維持管理負担金も含ま
　　　　　　　れており、当該部分の流域下水道の管理運営費も含まれている。
　　　　　　　資本費については、平成26年度以降は、長期前受金戻入を控除している。

（出典）「地方公営企業年鑑」（総務省）をもとに作成

2）公費と私費の負担区分

　道路事業、河川事業等の一般的な公共事業の経費については、有料道路事業等は別として、原則的には、地方債等で借り入れる部分があるとはいえ、最終的には、その財源は税金によって賄われます。しかしながら、下水道事業については、一定の部分については、税金（公費）だけでなく、使用料や受益者負担金といった利用者からの収入（私費）で賄われることになっており、他の一般的な公共事業と比較して大きな特徴があります。

　下水道事業について、どの部分を公費で賄い、どの部分を私費で賄うかについては、昭和30年代半ばより、様々な議論が行われてきました。ここでは、この費用負担の考え方について、その基本的

な方向性を示した報告（下水道財政研究会の累次の報告（第1次報告（昭和36年）～第5次報告（昭和60年）等）により、概観していくこととします（**図表19**参照）。

第1次報告（昭和36年）においては、雨水対策に要する経費と汚水対策に要する経費に区分した上で、

① 雨水対策については、河川事業等の下水道事業以外の方法によっても実施され、これらは公的負担により整備されていることから、雨水対策に要する経費は、河川事業等によって得られる程度までの効用は公費で負担することが適当である（雨水公費の原則）

② 汚水対策については、下水道が設置された土地以外では得られない効用を享受できる者（下水道の利用者）がこれらの効用を生むために必要な経費を負担することが原則である（汚水私費の原則）

③ 雨水対策にも土地の利用価値の増加など特定の者に受益が発生する部分（雨水の私費部分）もあり、また、汚水対策にも公共水域の水質保全等の公益的部分（汚水の公費部分）があるが、これら従たる部分はほぼ相殺することができる（相殺論）

として、「雨水公費・汚水私費の原則」を打ち出しています。なお、雨水対策に係る資本費と汚水対策に係る資本費の比率については、当時の標準的な下水道計画から推計し、概ね、雨水：汚水＝1：1としています。

また、併せて、下水道事業は、国の経済・文化の発展の基本となる施設ですが、多額の経費を必要とする大規模な事業であるため、各地方公共団体だけに任せると整備が不統一となり、国全体から見て適切でないため、経費の一部を国庫で負担する必要があるともしています。

図表19　下水道財政研究会の報告（第1次（昭和36年）～第5次（昭和60年））における費用負担の考え方

第3章
下水道事業の経営手法

	第1次財研 (S36)	第2次財研 (S41)	第3次財研 (S48)	第4次財研 (S54)	第5次財研 (S60)
費用負担の基本原則 雨水公費汚水私費	相殺論 雨水の利用者負担分と汚水の公費負担分がほぼ同程度 ↓ 公費負担 雨水排除および低湿地帯の滞水の排除 個人負担 汚水およびし尿の処理ならびに排除	1次委員会の考え方を承継 ↓ 汚水について公費の負担すべき部分の方が大であると考えられ、相殺できなくなっている。 公費で負担すべき部分が著しく増大	ナショナルミニマム等の観点から、建設費公費、汚水に係る維持管理費私費の原則 三次処理経費は汚水者負担を除き、原則として公費負担 農山漁村及び自然環境のための下水道については、公費負担部分はより大きい。	国、地方公共団体及び利用者の適正な負担を行う。 地方中小都市、農山漁村等における下水道普及の着実な向上を図るための財政措置の一層の拡充	国、地方公共団体、使用者等の適切な費用負担が必要 基本的に雨水公費汚水私費とするが、汚水分のうち一部を公費負担とする。 使用料が著しく高額になる等の事業がある場合、過渡的に使用料対象の範囲を限定することが適当
資本費	（比率） 汚水5：雨水5	汚水3：雨水7 ———————————————————————————→			
公費負担率	50%	70%以上	原則公費	特に明記なし	
考え方	雨水分	雨水分と相殺できない汚水分	汚水分含め資本費のすべて		
維持管理費 （公費負担）	汚水7：雨水3 ———————————————————————————————————————→				
	30%	30%	雨水分	雨水分	雨水分
建設費内訳	受益者負担金 1/5～1/3	受益者負担金 1/5～1/3	受益者負担金 ・末端管渠の整備との関連及び負担金額を明示すべき	受益者負担金 ・末端管渠整備費相当額を目途	受益者負担金 ・末端管渠整備費相当額を目途
	国庫補助金 少なくとも1/3	国庫補助金 1/2	国庫補助金 ・補助率を道路等の基幹施設と同程度の水準とすべき	国庫補助金 ・補助対象範囲の拡大等	国庫補助金 ・対象範囲の見直し、補助率の維持等
	地方負担 以上の残余	地方負担 以上の残余	地方債 ・充当率の引き上げ、交付税措置の改善等	地方債 ・充当率引き上げ等弾力的措置 ・公的資金割合の引き上げ	地方債 ・地方単独事業に係る地方債のあり方 ・資金の構成割合の向上 ・償還期間の延長
下水道整備五箇年計画	第1次 S38～S42 目標 16%→27% 達成 20%	第2次（第3次） S42～S46 目標 20%→33% 達成 23%	第4次 S51～S55 目標 23%→40% 達成 30%	第5次 S56～S60 目標 30%→44% 達成 36%	第6次 S61～H2 目標 36%→44% 達成 44%

　第2次報告（昭和41年）においては、汚水対策について、良好な都市環境を維持するために下水道の整備が緊急に必要とされ、さらに、水質汚濁の防止のために下水の高度な処理が厳格に要求されるなど、公共的な要請に基づく経費が著しく増大していると指摘しています。

　なお、雨水対策に係る資本費と汚水対策に係る資本費の比率については、改めて標準的な下水道計画から推計し、雨水：汚水＝7：3とし、公費で負担すべき部分は7割以上としています。

　第3次報告（昭和48年）においては、下水道整備によるサービスはナショナルミニマムであるとの認識を示した上で、下水道に要する経費は汚染者負担を除き、その相当部分は公費をもって負担することが適当であるとし、公費負担を拡大すべきとした一方、第4次報告（昭和54年）においては、第3次報告の考え方を踏襲しながらも、利用者は一面で水質汚濁の原因者として水質保全のための相応の社会的費用を負担すべき立場であることも考え合わせれば、利用者負担（受益者負担金、使用料）を併せ強めることが必要としています。

　以上のように、費用負担の考え方については、第1次報告で大枠が打ち出された以降、議論の変遷が見られますが、大きな課題となっていた汚水対策に要する経費の一部を公費で負担する考え方については、最終的に、第5次報告（昭和60年）において、

① 汚水対策に係る維持管理費については、下水道の公共的役割に鑑み、汚水対策に要する経費の一部（水質規制費用、高度処理費用の一部、高料金対策に要する経費等）を公費で負担することが適当である

② 汚水対策に係る資本費については、公費で負担すべき費用を除き、使用料の対象とすることが妥当であるが、その場合にお

　　いても使用料が著しく高額となる等の事情がある場合には、過
　　渡的に、使用料の対象とする資本費の範囲を限定することが適
　　当である
と整理されることとなりました。
　さらに、「今後の下水道財政の在り方に関する研究会」報告書（総
務省、平成18年3月）において、近年の合流式下水道と分流式下水
道の建設費の実態を踏まえ、雨水対策に係る資本費と汚水対策に係
る資本費の比率について、合流式下水道と分流式下水道に区分けし、
合流式下水道は、雨水：汚水＝6：4、分流式下水道は、雨水：汚
水＝1：9とされました。また、分流式下水道については、公共用
水域の水質保全への効果が高いことから、新たに、汚水に係る公費
負担分を創設し、処理区域内人口密度に応じて一定の負担（2〜6割）
を行うこととされました（80ページの**図表43**参照）。

　以上をまとめると、下水道事業における公費と私費の負担区分に
ついては、
　①　雨水対策については、雨水は自然現象に起因し、受益も広く
　　　及ぶことから、公費により負担する
　②　汚水対策については、汚水は原因者や受益者が明らかなこと
　　　から、私費により負担することを原則とする。ただし、汚水対
　　　策のうち、公共用水域の水質保全への効果が高い高度処理や分
　　　流式下水道などについては、公的な便益も認められることから
　　　その経費の一部を公費により負担する
と言うことができるでしょう。

3）下水道事業の財源（全体概要）
　下水道事業の財源の全体概要は、下水道事業の種類に応じ、建設

改良費と管理運営費（資本費＋維持管理費）それぞれについて、図表20のようになっています。

図表20　下水道事業の種類と財源

種類	建設改良費		管理運営費	
			資本費	維持管理費
公共下水道(狭義。雨水公共下水道を除く。)、特定環境保全公共下水道(特別会計)	国費(交付金(交付率:主要な管渠等:1/2、処理場:5.5/10))	地方費 地方債(充当率100%) 受益者負担金(※1) (都市計画事業でない特定環境保全公共下水道は、地方自治法上の分担金) 都道府県補助金※2	下水道使用料(汚水分) 一般会計繰出金(※4)	下水道使用料(汚水分) 一般会計繰出金(※5)
特定公共下水道(特別会計)	国費(交付金(交付率:公害防止計画内1/3、その他2/9(いずれも事業者非特定の場合)))	地方費 地方債(充当率100%) 企業負担(※3)	下水道使用料(汚水分) 一般会計繰出金(※4)	下水道使用料(汚水分) 一般会計繰出金(※5)
流域下水道(特別会計)	国費(交付金(交付率:主要な管渠等:1/2、処理場:2/3))	地方費 地方債(補助:充当率60%、単独:充当率90%) 市町村建設費負担金 一般会計繰出金(※6) 地方債(補助:充当率60%、単独:充当率90%) 一般会計繰出金(※6)	市町村維持管理費負担金 下水道使用料(汚水分) 一般会計繰出金(※4) 一般会計繰出金(※4)	市町村維持管理費負担金 下水道使用料(汚水分) 一般会計繰出金(※5) 一般会計繰出金(※5)
雨水公共下水道(一般会計)	国費(交付金(交付率:1/2))	地方費 地方債(充当率90%) 市町村費	市町村費	市町村費
都市下水路(一般会計)	国費(交付金(交付率:4/10))	地方費 地方債(充当率90%) 市町村費	市町村費	市町村費

※1　・建設費の末端管きょ整備費相当額を目途とすることなどが適当（第4次下水道財政研究委員会報告）。
　　　・受益の範囲内で事業費の一部を負担するという原則に立脚しつつ、全国の徴収状況も勘案して、公共下水道等の集合処理施設（流域下水道及び特定公共下水道を除く）については全事業費の5%程度を徴収し事業費へ充当すること（「公営企業の経営に当たっての留意事項について（平成26年8月29日付　総務省3課室長通知）」）。
※2　都道府県において補助制度がある場合。
※3　事業者が非特定の場合の企業負担の割合は、交付事業費に対して1/3として取り扱っている（「下水道法の一部を改正する法律の施行について（昭和46年11月10日付　建設省都市局長通達）」）。
※4　資本費について、総務省の一般会計繰出基準に位置付けられている経費は以下のとおりである。
　　　・雨水処理に要する経費
　　　・分流式下水道等に要する経費
　　　・高度処理に要する経費
　　　・高資本費対策に要する経費
　　　・地方公営企業法の適用に要する経費
　　　・広域化・共同化の推進に要する経費
　　　・下水道事業債（特別措置分）の償還に要する経費
　　　・その他（下水道事業債（普及特別対策分、臨時措置分、特例措置分）の元利償還に要する経費）
※5　維持管理費について、総務省の一般会計繰出基準に位置付けられている経費は以下のとおりである。
　　　・雨水処理に要する経費
　　　・公共下水道に排除される下水の規制に関する事務に要する経費
　　　・水洗便所に係る改造命令等に関する事務に要する経費
　　　・不明水の処理に要する経費
　　　・高度処理に要する経費
　　　・地方公営企業法の適用に要する経費
※6　流域下水道の建設に要する経費について、総務省の一般会計繰出基準に位置付けられている経費は、都道府県にあっては、流域下水道の当該年度の建設改良費から当該建設改良に係る国庫補助金及び市町村からの建設負担金を控除した額の40%（単独事業に係るものにあっては、10%）、市町村にあっては、都道府県の流域下水道に対して支出した建設費負担金の40%（単独事業に係るものにあっては、10%）である。ただし、平成12年度以降の各年度に実施する事業にあっては、一般会計繰出金に代えて臨時的に発行する下水道事業債の元利償還金に相当する額とされている。

　公共下水道（狭義。雨水公共下水道を除く。）、特定環境保全公共下水道、特定公共下水道、流域下水道については、公費負担だけでなく、私費負担（受益者負担金・企業負担金、下水道使用料）があり、特別会計で会計が管理されることとなっています。他方、雨水公共下水道、都市下水路は、雨水対策を行うだけですので、公費負担のみで、一般的な公共事業と同様、一般会計で会計が管理されます。

　建設改良費については、国からの国庫補助金（交付金）による国費と、それ以外の地方費に分かれ、地方費の大半は地方債によって賄われています。地方債以外の地方費については、基本的には、①公共下水道（狭義。雨水公共下水道を除く。）、特定環境保全公共下水道は、受益者負担金、都道府県補助金（都道府県に補助制度がある場合）によって、②特定公共下水道は、企業負担によって、③流域下水道は、市町村建設費負担金、一般会計繰出金によって、④雨水公共下水道、都市下水路は、一般的な公共事業と同様、市町村費によって賄われています。

　管理運営費（資本費、維持管理費）については、基本的には、①公共下水道（狭義。雨水公共下水道を除く。）、特定環境保全公共下水道、特定公共下水道は、下水道使用料（汚水分）、一般会計繰出金によって、②流域下水道は、市町村維持管理費負担金、一般会計繰出金によって、③雨水公共下水道、都市下水路は、一般公共事業と同様、市町村費によって賄われています。

第3章

下水道事業の経営手法

2 建設改良費の財源（各論①）

1）全体像

① 仕組み

建設改良財源の全体像は、下水道事業の種類に応じ、図表21～25のようになっています。

図表21 公共下水道（狭義。雨水公共下水道を除く。）、特定環境保全公共下水道の建設改良費の財源

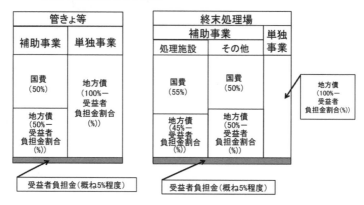

※国費のほかに、都道府県に制度があれば都道府県補助金が入る場合がある。

図表22 特定公共下水道の建設改良費の財源

公害防止計画内			公害防止計画外		
補助事業		単独事業	補助事業		単独事業
S46年以降実施	左記以前から実施		S46年以降実施	左記以前から実施	
国費（1/3）	国費（3/8）	企業負担	国費（2/9）	国費（1/4）	企業負担
地方債（1/3）	地方債（3/8）		地方債（4/9）	地方債（2/4）	
企業負担（1/3）	企業負担（2/8）		企業負担（3/9）	企業負担（1/4）	

※上記については、事業者が不特定な場合の国費率で記載している。

図表23　流域下水道の建設改良費の財源

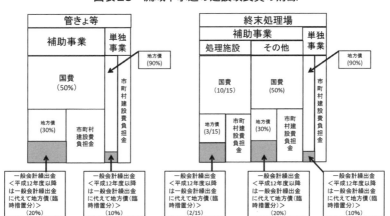

※市町村建設費負担金については、従来どおり建設に要する費用から国費を除いた額の1/2以下の額とする旨の通知が出されている。（『下水道法の一部を改正する法律の施行について』（昭和46年11月10日建設省都下企発第35号））。

図表24　雨水公共下水道の建設改良費の財源

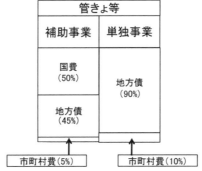

※地方債は、下水道事業債（充当率：100%）でなく、公共事業等債（充当率：通常分50%、財源対策債分40%）である。

図表25　都市下水路の建設改良費の財源

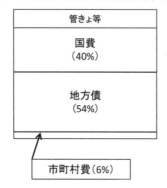

※地方債は、下水道事業債（充当率：100%）でなく、公共事業等債（充当率：通常分50%、財源対策債分40%）である。

公共下水道（狭義。雨水公共下水道を除く。）、特定環境保全公共下水道については、基本的には、国費（国庫補助金（交付金））、地方債、受益者負担金、都道府県補助金（都道府県に補助制度がある場合）で賄われています。

特定公共下水道については、基本的には、国費（国庫補助金（交付金））、地方債、企業負担で賄われています。

流域下水道については、基本的には、国費（国庫補助金（交付金））、地方債、市町村建設負担金、一般会計繰出金（現在は、これに代えて、地方債を発行することとなっています。）で賄われています。

雨水公共下水道については、一般的な公共事業と同様、基本的には、国費（国庫補助金（交付金））、地方債、市町村費で賄われています。

都市下水路は、一般的な公共事業と同様、基本的には、国費（国庫補助金（交付金））、地方債、市町村費で賄われています。

②　建設改良費の収支内訳

建設改良費（公共下水道、流域下水道）の収支内訳については、

図表26のとおりであり、収入については、企業債、国庫補助金（交付金）が大きなウェイトを占めていることが分かります。

図表26　建設改良費（公共下水道事業、流域下水道事業）の収支内訳（令和元年度）

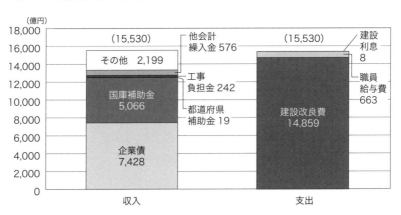

※公共下水道事業（特環、特公を含む。）及び流域下水道事業を対象としている。流域下水道建設費負担金については、二重計上を防ぐため控除
※R1地方公営企業年鑑（総務省）、地方公共団体普通会計決算の概要（総務省）、国土交通省調べをもとに作成。（四捨五入の関係で合計が合わない場合がある）

2）国費（国庫補助金（交付金））

①　根　拠

　下水道の整備は、多額の経費を要し、また、下水道整備によるサービスは国民が等しく享受すべきサービスと考えられることから、国は、下水道の建設改良に要する経費の一部について補助を行うこととされています。

　法的には、下水道法において、「国は、公共下水道、流域下水道又は都市下水路の設置又は改築を行う地方公共団体に対し、予算の範囲内において、政令で定めるところにより、その設置又は改築に要する費用の一部を補助することができる。」（下水道法第34条）旨の規定があります。

②　補助制度

　国が下水道の建設改良に要する経費の一部を補助する制度については、従来は、個別の補助金制度によって行われてきましたが、平成22年度予算からは、「基幹的な事業」、「関連する社会資本整備」、「基幹事業の効果を一層高める事業」を一体的に支援する「社会資本整備総合交付金」制度が創設されるとともに、平成24年度補正予算からは、防災・安全に関連する事業を一括化し、重点支援する「防災・安全交付金」制度が創設され、統合されることとなりました（**図表27、図表28**参照）。なお、これらの交付金とは別に、東日本大震災により著しい被害を受けた地域の復興を加速させるため、平成23年度に、「東日本大震災復興交付金」制度が創設されています。

　これらの交付金制度の創設により、個別の補助金制度と異なり、異なる事業間の予算の流用等について抜本的な弾力化が図られることとなりましたが、下水道に係る交付の対象・率については、従前

図表27　社会資本整備総合交付金と防災・安全交付金の概要

◇　**社会資本整備総合交付金**は、国土交通省所管の地方公共団体向け個別補助金を一つの交付金に原則一括し、地方公共団体にとって自由度が高く、創意工夫を生かせる総合的な交付金として平成22年度に創設。

◇　**防災・安全交付金**は、地域住民の命と暮らしを守る総合的な老朽化対策や、事前防災・減災対策の取組み、地域における総合的な生活空間の安全確保の取組みを集中的に支援するため、平成24年度補正予算において創設。

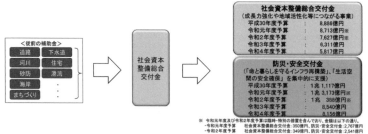

図表28　社会資本整備総合交付金と防災・安全交付金の対象事業

※このほか、社会資本整備円滑化地籍整備事業（社会資本整備と地籍調査の連携を図り、社会資本のストック効果の最大化等を図る観点から行う地籍整備事業）等がある。

どおり、下水道法令等に基づきその範囲が決められています。

③　交付対象

　交付金の交付対象については、政令（下水道法施行令第24条の2）、告示（下水道法施行令第24条の2第1項第1号及び第2号並びに第2項の規定に基づき定める件）に規定されています。

　交付対象となる建設・改良部分が補助事業であり、交付対象から外れる建設・改良部分が地方単独事業となります。

　具体的に公共下水道で見ると、終末処理場については、門、塀等の設置・改築を除いて、ほとんどの施設が交付対象となっています。他方、管きょについては、主要なものが交付対象となっており、末端の管きょは交付対象になりません。例えば、分流式の汚水管きょでは、**図表29**のとおり、都市の規模の区分ごとに、予定処理区域の面積に応じて、口径が一定規模以上の管きょ又は管きょに流れ込

図表29　交付対象となる公共下水道の管きょ（分流式の汚水管きょの例）

指定都市（人口130万人以上）

予定処理区域の面積（ha）		口　径（mm）	下水排除量（m³/日）
	50 未満	300 以上	250 以上
50 以上	100 未満	300 以上	300 以上
100 以上	250 未満	300 以上	400 以上
250 以上	500 未満	350 以上	600 以上
500 以上	1000 未満	350 以上	1200 以上
1000 以上	2000 未満	350 以上	2400 以上
2000 以上	3000 未満	400 以上	3200 以上
3000 以上		450 以上	4000 以上

指定都市（人口130万人未満）

予定処理区域の面積（ha）		口　径（mm）	下水排除量（m³/日）
	50 未満	300 以上	150 以上
50 以上	100 未満	300 以上	200 以上
100 以上	250 未満	300 以上	250 以上
250 以上	500 未満	300 以上	300 以上
500 以上	1000 未満	350 以上	600 以上
1000 以上	2000 未満	350 以上	1200 以上
2000 以上	3000 未満	350 以上	2400 以上
3000 以上		400 以上	3200 以上

一般市（人口20万人以上）第三種（重点エリア外）

予定処理区域の面積（ha）		口　径（mm）	下水排除量（m³/日）
	50 未満	300 以上	30 以上
50 以上	100 未満	300 以上	35 以上
100 以上		300 以上	40 以上

一般市　（人口5万人以上20万人未満）第三種（重点エリア外）

予定処理区域の面積（ha）		口　径（mm）	下水排除量（m³/日）
	50 未満	300 以上	20 以上
50 以上	100 未満	300 以上	25 以上
100 以上		300 以上	30 以上

一般市（人口5万人未満）第三種（重点エリア外）

予定処理区域の面積（ha）		口　径（mm）	下水排除量（m³/日）
	100 未満	300 以上	3 以上
100 以上		300 以上	5 以上

町村第3種（重点エリア外）

予定処理区域の面積（ha）		口　径（mm）	下水排除量（m³/日）
	250 未満	300 以上	2 以上
250 以上		300 以上	3 以上

過疎市町村

予定処理区域の面積（ha）	口　径（mm）	下水排除量（m³/日）
面積によらず	300 以上	2 以上

注）以上のほか、特例措置あり

む下水排出量が一定規模以上の管きょについて、その設置・改築が交付対象となります（都市の規模が小さくなれば、下水排水量の要件により、300mm未満の管きょでも交付対象となる範囲が大きくなります。）。

④　国費率

　交付金の国費率（交付対象となる事業の経費のうち国の交付金の割合）については、これまでの推移を含め、**図表30**のとおりとなっています。

図表30　国費率の推移

種類		昭和59年度以前の国費率（旧附則）	平成4年度の国費率（暫定）	平成5年度以降の国費率（恒久）	
公共下水道、特定環境保全公共下水道	管きょ等	6/10	1/2	1/2	
	終末処理場	2/3（処理施設 ※1） 6/10（用地等 ※2）	5.5/10（処理施設 ※1） 1/2（用地等 ※2）	5.5/10（処理施設 ※1） 1/2（用地等 ※2）	
特定公共下水道		注）参照			
流域下水道（第1種）	管きょ等	2/3	5.5/10	管きょ等	1/2
	終末処理場	3/4（処理施設 ※1） 2/3（用地等 ※2）	6/10（処理施設 ※1） 5.5/10（用地等 ※2）		
流域下水道（第2種）	管きょ等	2/3	5.5/10	終末処理場	2/3（処理施設 ※1） 1/2（用地等 ※2）
	終末処理場	2/3（処理施設 ※1） 6/10（用地等 ※2）	5.5/10（処理施設 ※1） 1/2（用地等 ※2）		
都市下水路		4/10	4/10	4/10	

※1　処理施設：※2に掲げられている以外の終末処理場に係る費用
※2　用地等：
　①用地の取得又は造成に要する費用
　②流入下水の揚水ポンプ場施設の設置又は改築に要する費用
　③管理棟及び覆蓋施設の設置又は改築に要する費用
　④調査、測量、試験及び設計に要する費用
　⑤環境対策施設整備事業

注）特定公共下水道の国費率の区分は以下のとおり

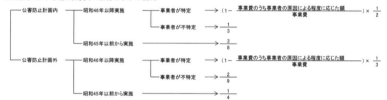

　下水道の種類ごとの国費率を比較すると、2以上の市町村にわたって事業を実施する流域下水道の国費率が一番高くなっており、順に、公共下水道（狭義。雨水公共下水道を除く。）・特定環境保全下水道、都市下水路で、特定事業者だけを対象とする特定公共下水道が一番低くなっています。

　国費率の推移を見ると、昭和59年度以前は概ね高かったものが、昭和60年度から平成4年度まで国の財政事情により暫定的に国費率の削減が行われ、平成5年度に、行革審答申等の趣旨を踏まえて恒久化が行われました。これに伴い、流下水道の第1種、第2種の区分は廃止されました。なお、国費率の恒久化に伴い、昭和59年度以前の国費率と比較して増加する地方負担分については、事業の円滑な執行のために地方債（特例措置分）等の発行が認められまし

たが、平成13年度には廃止されました。

3) 地方債

① 根 拠

　地方債とは、地方公共団体が財政上必要とする資金を外部から調達するために負担する債務（一会計年度を超えて行う借入れ）です。なお、一会計年度内の借入れは、一時借入金といいます。

　地方債による資金調達のメリットは、

・公共事業など短期間に多額の財源を必要とする事業について、これに係る財政負担を後年度に平準化できること（財政支出と財政収入の年度間調整）

・公共事業等によって将来便益を受ける後世代の住民と、現世代の住民との間で受益と負担の調整を図ること（世代間の受益と負担の調整）

・発行年度について見れば、地方税、地方交付税等の一般財源を補完し、財源の機動性・弾力性の確保を図ること（一般財源の補完）

・国の経済対策の実効性を確保するため、地方債の発行量を増加させて所要の事業量の確保を図ること（国の経済対策との調整）

等があります。

　法的には、地方自治法において、「普通地方公共団体は、別に法律で定める場合において、予算の定めるところにより、地方債を起こすことができる。」（地方自治法第230条第1項）とされ、地方財政法において、「地方公共団体の歳出は、地方債以外の歳入をもつて、その財源としなければならない。」ことを原則として示した上で、ただし書においてその例外として地方債の対象とすることができる経費を次のものとして定めています（地方財政法第5条）。

　イ）公営企業に要する経費

　ロ）出資金・貸付金

　ハ）地方債の借換えのために要する経費

　ニ）災害応急事業費・災害復旧事業費・災害救助事業費

　ホ）公共施設、公用施設の建設事業費等

（なお、上記以外でも、他の法律によって地方債の対象とできる場合（例：過疎地域自立促進特別措置法に基づく過疎対策事業）があります。）

　下水道事業について見ると、雨水対策については、施設の建設・改良に短期間に多額の財源を要する事業であり、かつ、現世代だけでなく後世代も受益を受けるものであることから、地方債の対象となるべき事業といえます（上記ホ）関係）。また、汚水対策については、このことに加え、下水道使用料等の形で収入を得て地方債の元利償還費に充てることができるので、地方債の対象となるべき事業といえます（上記イ）関係）。

　地方債計画上の区分では、公共下水道事業（狭義。雨水公共下水道を除く。）、特定環境保全公共下水道事業、特定公共下水道事業、流域下水道事業は、公営企業債のうち「下水道事業債」で措置され、都市下水路事業は、一般会計債のうち「公共事業等債」で措置されています。

　なお、開発者負担、受益者負担の考え方から、

　イ）公共下水道事業のうち昭和46年度以降に着工した新市街市に係る地方単独事業

　ロ）特定公共下水道の地方単独事業

　ハ）各戸排水管の建設

は起債の対象外となっています。

②　地方債の許可・同意

　地方公共団体が地方債を発行する場合には、総務大臣又は都道府県知事との協議が必要とされています。この協議制度は、以前は許

図表31 地方債起債手続の概要

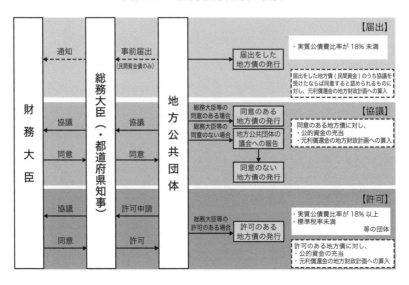

可制度でしたが、許可制度は平成12年度に地方財政法等の改正により廃止され、平成18年度より地方債の協議制度が開始されました（図表31参照）。

協議において同意を得た地方債は、公的資金を借り入れることができ、元利償還費は地方財政計画に算入されることになります。協議手続を行えば同意が得られなくても、地方債を発行することはできます（ただし、公的資金の借入れはできず、また、元利償還費は地方財政計画に算入されません。）。なお、地方債の信用維持等のため、実質公債費比率が一定水準以上等となった地方公共団体は地方債の発行に許可を要するとされています。

また、平成24年度から、一定の要件を満たす地方公共団体は、民間資金であれば、協議によらず、事前届出を行うだけで、地方債が発行でき、協議を受けたならば同意をすると認められるものは、元利償還費を地方財政計画に算入できることとされました。

　地方債の同意等については、法令に基づくもののほか、毎年度、総務省と財務省が協議して定める「地方債同意等基準」により行うこととされています。

③　地方債の充当率

　地方債の充当率とは、地方債の対象事業費（国庫補助事業の場合は国費（国庫補助金（交付金））を除く地方負担額（補助裏）、地方単独事業の場合は全事業費）のうち、地方債を発行できる割合をいいます。

　地方債の充当率については、下水道事業の種類に応じて、**図表32**のようになっています（推移については、**図表33**参照）。なお、平成18年度からの地方債協議制度への移行に伴い、受益者負担金は国庫補助金等と同じ特定財源と整理され、雨水公共下水道、都市下水路事業を除く下水道事業の充当率は100％になっています。雨水公共下水道、都市下水路の充当率は90％です。

図表32　地方債の充当率

種類		地方債の充当率
公共下水道（狭義。雨水公共下水道を除く。）、特定環境保全公共下水道	補助	地方負担額の10/10（下水道事業債）
	単独	対象事業費の10/10（下水道事業債）
特定公共下水道	補助	地方負担額の10/10（下水道事業債）
流域下水道	補助	地方負担額の10/10（下水道事業債） <6/10（通常分）> 4/10（臨時措置分）>
	単独	対象事業費の10/10（下水道事業債） <9/10（通常分）、1/10（臨時措置分）>
雨水公共下水道		地方負担額の9／10（公共事業等債） <5/10（本来分）、4/10（財源対策債分）>
都市下水路		地方負担額の9/10（公共事業等債） <5/10（本来分）、4/10（財源対策債分）>

図表33　地方債の充当率の推移（公共下水道（狭義。雨水公共下水道を除く。）、特定環境保全公共下水道、流域下水道）

	単独事業			補助事業			その他	備考
	公共下水道（狭義。雨水公共下水道を除く。）	特定環境保全公共下水道	流域下水道	公共下水道（狭義。雨水公共下水道を除く。）	特定環境保全公共下水道	流域下水道		
昭和45年まで	70%							
昭和46年	80%	-	-	75%	75%	-	特定公共下水道の新規事業は、国庫補助率の改定に見合って、その充当率を2/7とした。	
昭和52年	90%	90%						昭和51年度に、特定環境保全公共下水道及び流域下水道の単独事業の起債対象化。
昭和56年								法適用企業は、一定の要件を満たす場合に5%の範囲内で充当率を弾力的に運用する措置を講じた。
昭和57年	95%	95%	90%	85%	85%	75%		諸般の事情により受益者負担金の徴収が困難な企業で一定の要件を満たすものは、補助・単独それぞれ弾力的運用による5%の充当率引き上げを行った。
昭和58年								補助事業に対する弾力的運用幅を15%まで引き上げることにより、起債は補助、単独ともに100%まで充当可能となり、これにより受益者負担金相当分を後年度料金として回収できるよう措置された。
平成9年							緊急下水道整備特定事業等の充当率の変更（事業年度における一般会計からの繰出しに代えて、臨時的に下水道事業債（臨時措置分）を措置することとし、そのため充当率を90%または95%に引き上げた）	
平成12年						100% 通常分75% 臨時分25%		
平成13年			100% 通常分90% 臨時分10%	特例措置分の廃止に伴い90%		100%		
平成18年	受益者負担金等を特定財源として整理したことにより、100%に変更			受益者負担金等を特定財源として整理したことにより、100%に変更		100% 通常分60% 臨時分40%		

出典：『下水道経営ハンドブック（平成26年）』（下水道事業経営研究会）

④ 地方債の借入先

地方債の借入先は、公的資金として、イ）財政融資資金、ロ）地方公共団体金融機構資金があり、また、民間等資金として、ハ）市場公募資金、ニ）銀行等引受資金があります。

イ）財政融資資金とは、国債（財投債）の発行により金融市場から調達した資金を基に、政府が支援するにふさわしい事業に融資するもので、国の信用に基づき資金調達ができるため、長期・低利な資金となっています。

ロ）地方公共団体金融機構資金とは、地方公共団体金融機構（公営企業金融公庫の業務を引き継ぐ形で、平成20年（2008年）に地方共同法人として設立）が金融市場から調達した資金を地方公共団体の地方債に対して貸し出すもので、長期・低利な資金となっています。地方公共団体金融機構資金の貸付利率には、資金の調達コストに見合った基準金利と基金の運用益等を活用してそれより低く設定された機構特別金利があり、下水道事業債には機構特別金利が適用されます。

なお、下水道法においては、国は、公共下水道又は流域下水道の設置・改築を行う地方公共団体に対し、これに必要な資金の融通に努める旨規定されています（下水道法第35条）。

ハ）市場公募資金とは、金融市場で公募して資金を調達するものであり、また、ニ）銀行等引受資金とは、地方公共団体と取引関係を有する金融機関（銀行、信用金庫等）から借り入れるものです。これら民間等資金は、利率が公的資金に比べ市場動向に影響を大きく受けるほか、発行時・償還時に一定の手数料の支払いが必要となります。平成24年度から、地方債協議制度の見直しで、一定の要件を満たす地方公共団体においては、民間等資金による地方債であれば協議を要せず、事前届出で地方債の発行が可能となりました。

財政融資資金、地方公共団体金融機構資金、市場公募資金、銀行

図表34　地方債の償還期限、残高、計画額

(単位：億円)

種類	償還期限 ※3	地方債残高 ※3 （令和元年度）	構成割合	下水道事業債 令和4年度 地方債計画額 ※3
財政融資資金	40年以内（年2回償還。ただし、最高5年据置くことができる。）	83,569	36%	【通常収支分】 12,181
地方公共団体金融機構資金	30年以内（年2回償還。ただし、最高5年据置くことができる。）ただし、利率見直し貸付にかかる償還年限は、40年以内	72,964	32%	
市場公募資金	満期時一括償還	20,542	9%	
銀行等引受資金 ※1	銀行等資金供給者との契約による	26,769	12%	
その他 ※2		438	0%	
郵便貯金資金	30年以内（年2回償還。ただし、最高5年据置くことができる。）	231	0%	
簡易生命保険金	ただし、新規貸付は平成18年度に同意又は許可された事業をもって終了	25,631	11%	
合計		230,144		

出典：令和元年度地方公営企業年鑑（総務省）、令和4年度地方債計画（総務省）
※1　市中銀行、市中銀行以外の金融機関の合計
※2　共済組合、政府保証付外債、交付公債、その他の合計
※3　地方債残高、地方債計画額には、国交省所管の公共下水道、流域下水道のほか、農水省所管の集落排水等が含まれている。

等引受資金ごとの償還期限、残高等については、**図表34**のとおりです。

4)　受益者負担金

①　根　拠

　下水道事業における公費と私費の負担区分については先に述べましたが、建設改良段階の私費として、受益者負担金があります。

　受益者負担金は、公物管理法に一般的に見られる制度ですが、公共事業は広く一般国民の利益を目的として行われるので公費（税金等）によって賄われることを基本としつつ、事業の実施により特別の利益を受ける者があるときは、公平の原則等から、この者に費用の一部を負担させることが妥当であるという考え方に基づき設けられた制度です。

　受益者負担金制度の法的根拠は、道路事業、河川事業等では道路法、河川法等の公物管理法にありますが、下水道事業では、都市計

画法と地方自治法にあります。

都市計画法では、「国、都道府県又は市町村は、都市計画事業によつて著しく利益を受ける者があるときは、その利益を受ける限度において、当該事業に要する費用の一部を当該利益を受ける者に負担させることができる」旨の受益者負担金の規定があります（都市計画法第75条第1項）。下水道の受益者負担金制度が、下水道法ではなく、都市計画法で規定されているのは、公共下水道事業は基本的には都市計画事業として実施されてきたことによるものです。

都市計画事業として実施されない下水道事業については、地方自治法で、「普通地方公共団体は、…数人又は普通地方公共団体の一部に対し利益のある事件に関し、その必要な費用に充てるため、当該事件により特に利益を受ける者から、その受益の限度において、分担金を徴収することができる」旨の規定があり（地方自治法第224条）、本規定に基づき、分担金として徴収することになります。

公共事業の受益者負担金制度は、受益者の範囲を確定することが難しいこともあり、ほとんど活用されていませんが、下水道事業では一般的に活用されています。この背景としては、汚水対策の下水道事業については、下水道が整備されることによって利益を受ける範囲が明確であり、また、下水道整備により居住環境・周辺環境が改善され、当該地域の地価が増加する傾向があるなど、比較的運用しやすい性格があるためと考えられます。

② 負担割合

受益者負担金の負担割合については、累次の下水道財政研究委員会の報告で記載がありますが、第1次報告（昭和36年）、第2次報告（昭和41年）では、受益者負担金の総額を事業費の3分の1〜5分の1程度とすべきとしていました。第3次報告（昭和48年）では、

第3章 下水道事業の経営手法

図表35　受益者負担金制度に関する提言

提言年月	提言機関	提言内容
昭和36年3月	第1次 財政研究委員会	・公共下水道が敷設されると排水区域内の土地の利用価値の向上、地価の値上がりの現象が発生する。この財政価値の増加は、一般国民、市民の負担による公費の投下によってもたらされたものであるから、その増加の全部又は一部は公費に還元されることが負担の公平からみて適当である。受益の限度内において、土地の所有者等の受益者に建設費の一部を負担させるべきである。 ・賦課額は事業費の3分の1ないし5分の1程度とする。 ・賦課の対象となる地域は実施計画ができあがり、数年内に確実に公共下水道が設置されることが明らかなものに限るべきである。 ・国有、公有財産についても道路、公園等を除き賦課すべきである。
昭和41年7月	第2次 財政研究委員会	（第1次委員会と同様）
昭和48年6月	第3次 財政研究委員会	・今後、下水道をナショナルミニマムとして位置付ける場合にも、(イ)公共下水道の整備は整備区域内の土地の資産価値の増加をもたらすが、これはその一部を社会に還元することが適当であり、公共下水道は技術的にも負担金徴収になじむこと、(ロ)土地の資産価値の増加の吸収は、現状では土地に関し権利を有する者とそれ以外の者との間の負担の公平の実現に寄与すること、(ハ)公共下水道の整備の時期に地域差がある場合に、早期に便益を受ける者から相応の負担を求めることは負担の公平から適当であることなどの理由により、適当な額の受益者負担金の徴収は妥当である。 ・受益者負担金の額は、今後は条例で具体的に定めることが望ましい。なお、受益者負担金の額の決定に当っては、公共下水道が整備され、その受益が現実化する末端管きょの整備との関連を配慮することが必要である。
昭和54年7月	第4次 財政研究委員会	・受益者負担金制度については、第1次財政研究委員会においてその採用が提言されて以来多くの都市で下水道の貴重な特定財源として下水道整備の推進に重要な役割を果たしているが、下水道整備の現状と下水道整備による環境の改善、利便性、快適性の向上、土地の利用価値の増進に照らし、建設に伴う受益者負担金の徴収は積極的に行うべきである。 ・受益者負担金制度の運用に当たっては公共下水道が整備され、その受益が現実化する末端管きょの整備との関連に配慮しつつ、負担金の総額及び単価、負担すべき者、徴収時期、徴収方法等を明確にした上で公平妥当な負担を求めるべきである。 ・負担金の総額の決定に当たっては、受益の範囲内で事業費の一部を負担するという原則に立脚しつつ、適正

提言年月	提言機関	提言内容
		な受益者負担金制度を採用している各都市の負担の水準をも勘案して、例えば建設費の末端管きょ整備費相当額を目途とすることなどが適当である。
昭和60年7月	第5次 財政研究委員会	（下記以外は第4次委員会と同じ） ・負担金額が妥当な水準を下回っている地方公共団体においては、その適正化に努めるべきである。
平成2年7月	都市計画 中央審議会	・受益者負担金制度については、今後とも積極的な活用を図るべきであるが、特に今後下水道事業が拡大する地方部において具体的に負担金額の設定を行うことが必要である。

各都市の負担水準を勘案し、条例で具体的に金額を決めることが望ましいとされています。第4次報告（昭和54年）・第5次報告（昭和60年）では、受益の範囲内で事業費の一部を負担するという原則に立脚しつつ、例えば、末端管きょ整備費相当額を目途とすることが適当であるとされています（図表35参照）。

　受益者負担金等の徴収実績については、図表36のようになっており、微減の傾向にあり、直近では公共下水道事業費全体の概ね3％が受益者負担金等として徴収されていることが分かります。

図表36　受益者負担金等の徴収実績

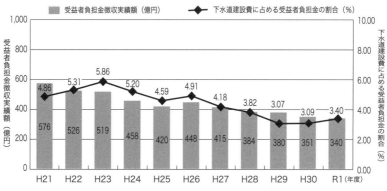

○　受益者負担金及び分担金条例施行団体（平成30年度末現在）：1,285団体

出典：下水道統計（日本下水道協会）をもとに国土交通省作成

5）企業負担

受益者負担金に加え、建設改良段階の私費として、企業負担があります。企業負担とは、特定公共下水道において、特定の事業者の事業活動によって生じる公害の発生を防止・除去するという当該事業の性格を踏まえ、事業者に相応部分の負担を求める制度です。

事業者の負担割合については、事業者が特定される場合は、公害防止事業費事業者負担法に基づき、その原因となる程度に応じた割合となります。

また、工場団地の造成等に係るもので事業者が特定されない場合は、下水道法施行令に基づき、3分の1を事業者に負担させることになっています。ただし、昭和45年度以前に既に事業に着手していたものについては、4分の1を事業者に負担させることになっています（下水道法施行令第24条の2第1項第1号ロ・第3号ロ、下水道法施行令第24条の2第1項第1号及び第2号並びに第2項の規定に基づき定める件）。

6）市町村建設費負担金

① 根 拠

流域下水道は、基本的に、都道府県が特に水質保全が必要とする重要水域を対象として、処理場、幹線管きょ等を建設するもので、流域下水道に関連する市町村は、幹線管きょ以外の管きょを建設し、流域下水道に接続するだけで、下水道のサービスが受けられる利益を得られることになります。

このため、流域下水道の建設改良費のうち、相応の部分については、関連市町村が費用を負担することが妥当であり、この負担金は市町村建設費負担金といいます。

法的には、下水道法において、「…流域下水道を管理する都道府

県は、当該…流域下水道により利益を受ける市町村に対し、その利益を受ける限度において、その設置、改築…に要する費用の全部又は一部を負担させることができる」旨の規定があります（下水道法第31条の2第1項）。

②　負担割合

市町村建設費負担金の負担割合（流域下水道の建設改良費のうち、国費分を除いたものに対して、どれだけ市町村が負担するか。）については、下水道事業の実情等を踏まえて、都道府県が市町村の意見を聴いた上で、都道府県の議会の議決を経て決められるものですが（下水道法第31条の2第2項）、基本的な考え方として、建設省都市局長からの通知（図表37参照）があります。

図表37　下水道法の一部を改正する法律の施行について（昭和46年11月10日）（抄）

下水道法の一部を改正する法律の施行について（抄）

昭和46年11月10日建設省都下企発第35号

第5　改正点の要旨及び運用上注意すべき事項

14　第2章の2（流域下水道）及び第31条の2関係

　(4) 改正法第31条の2の規定により、流域下水道の建設費又は維持管理費について、関係市町村に分担金を求めることができるものとされているが、流域下水道が広域根幹的な施設であることから、原則として都道府県が管理すべきものとしている趣旨を考慮し、関係市町村に負担させるべき額はその建設に要する費用については、従来どおり当該費用から国費を除いた額の2分の1以下の額とし、その維持管理に要する費用については、当該費用のうち関連公共下水道管理者が使用料として利用者に負担させるべき額、使用料の徴収状況等を勘案して定めることとされたい。

---

③　財　源

市町村建設費負担金の財源は、市町村において、一般会計繰出金

と地方債によって賄われます。

　国庫補助事業分は、一般会計繰出金は40%、地方債は60%、地方単独事業分は、一般会計繰出金10%、地方債は90%ですが、平成12年度からは、一般会計繰出金に代えて地方債（臨時措置分）によることとされ、当該地方債の元利償還金について、後年度、全額が地方交付税で措置されることとなっています。

7）一般会計繰出金

　建設改良費として、総務省の一般会計繰出基準上認められているものは、流域下水道の建設改良費（国費と関連市町村建設負担金を除いた部分の40%）ですが、平成12年度からは、一般会計繰出金に代えて地方債（臨時措置分）によることとされ、地方債の元利償還金について、後年度、全額が地方交付税で措置されることとなっています。

　その他に、地方公共団体の財政運営等を踏まえ、建設改良費の一部に対して一般会計繰出金を出している場合もあります。

8）都道府県補助金

　市町村の下水道整備を促進するために、当道府県において、市町村に補助金を交付する制度があり、多くの都道府県で補助が行われています。公共下水道事業については、47都道府県のうち、28都道府県（202市町村）で補助が行われています（令和2年度地方公営企業年鑑より筆者集計）。

3 管理運営費の財源（各論②）

1）全体像

① 仕組み

　管理運営費は、先に述べたとおり、資本費（公営企業会計を適用している場合には、減価償却費、企業債等の支払利息等、公営企業会計を適用していない場合には、地方債の元利償還費等）と、維持管理費（処理場等の運営、各種施設等の清掃・点検・修繕といった日々の維持管理に必要な経費）からなります。管理運営費については、雨水公共下水道、都市下水路を除き、基本的には、下水道使用料（流域下水道の場合は、下水道使用料に代わって、市町村維持管理費負担金）と一般会計繰出金で賄われることになります。雨水公共下水道、都市下水路（いずれも、経理は特別会計でなく一般会計で実施）については、一般的な公共事業と同様、基本的には、市町村費で賄われます。

② 管理運営費の収支内訳

　管理運営費の収支内訳については、**図表38**のとおりで、収入は全体で約2.7兆円、うち下水道使用料が約1.5兆円（約55%）、一般会計繰入（出）金が約1.2兆円（約44%）となっている一方、支出は、全体で約2.6兆円、うち汚水分（基準内繰入れを含む。）が約2.0兆円（約78%）、雨水分が約0.6兆円（約22%）となっています。なお、支出のうち、「その他」は、汚水対策費のうち基準内繰入れの部分です（一般会計繰入（出）基準については、**2）**を参照）。

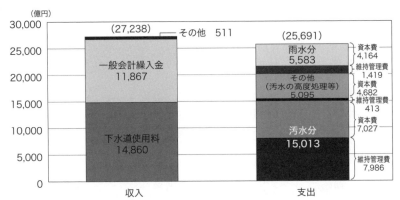

図表38　管理運営費の収支内訳（令和元年度）

※公共下水道事業（特環、特公を含む）を対象
※財源の「その他」は、国庫補助金、都道府県補助金、受取利息及び配当金、雑収入、その他である。
※財源の「一般会計繰入金」は、地方公営企業法適用事業（収益的収入分）、地方公営企業法非適用事業（収益的収入、資本的収入－建設改良費充当分）の合計額である。
※支出の「下水道管理運営費」には、流域関連市町村から流域下水道事業に支払われる流域下水道管理運営負担金を含む。
※支出の「その他」は、分流式下水道等に要する経費、高資本費対策経費、高度処理費、水質規制費、水洗便所等普及費等である。
※資本費は、長期前受金戻入見合いの減価償却費を控除している。
※R1地方公営企業年鑑（総務省）、地方公共団体普通会計決算の概要（総務省）、国土交通省調べをもとに作成。（四捨五入の関係で合計が合わない場合がある）

2）一般会計繰出金

①　一般会計繰出基準

　公共下水道事業（広義。雨水公共下水道を除く。）は、地方財政法上の公営企業とされており、その経理は特別会計を設置して行うとともに、その経費は、事業に伴う収入をもって充てることが適当でない経費、性質上能率的な経営を行っても収入のみをもって充てることが客観的に困難な経費を除き、収入をもって充てなければならないという「独立採算制の原則」が適用されることになっています（地方財政法第6条、地方財政法施行令第46条第13号）。

　ただし、この「独立採算制の原則」については、上記のように例外が認められており、特別会計は一般会計等から繰出金を受け入れ

ることが可能となっています。

　なお、地方財政法上は、流域下水道事業は対象となっていませんが、下水道事業債の対象事業となるために特別会計の設置が必要なため、その経理は特別会計を設置して行うことが一般的です。また、雨水公共下水道事業、都市下水路事業は、一般的な公共事業と同様、その経理は一般会計で行われています。

　下水道事業における公費と私費の負担区分については、先に述べたとおり、下水道財政研究会の報告（第1次報告（昭和36年）～第5次報告（昭和60年））、「今後の下水道財政の在り方に関する研究会」の報告（総務省、平成18年3月）で整理された考え方に基づいています（79～80ページ参照）。

　一般会計から下水道の特別会計に繰り出されるべき一般的な基準については、総務省の繰出基準において基本的なルールが決められていますが、その概要は、**図表39**のとおりです。

　なお、イ）雨水処理に要する経費については、合流下水道において、雨水対策費と汚水対策費の区分が明確でないため、雨水・汚水経費区分基準が示されています。

　この基準では、資本費について雨水：汚水＝7：3、維持管理費について雨水：汚水＝3：7など一定比率で行うのでなく、例えば、管きょの資本費については、分流式で建設した場合における雨水管きょと汚水管きょの建設費を想定し区分推計し、また、維持管理費については、補修費は減価償却費（元利償還費）の割合で区分推計するとともに、その他は堆積物の無機物と有機物の含有量の割合で区分推計するなど、合理的な基準で行うべきことが示されています。

　以上が繰出基準で示された一般会計繰出金の対象経費ですが、現実的には、下水道使用料で回収できない部分等についても、いわゆる「基準外繰出」として一般会計から繰り出される場合もあります。

図表39　一般会計繰出金の対象経費

対象経費	概　要
イ）雨水処理に要する経費 （資本費・維持管理費）	雨水処理に要する資本費及び維持管理費に相当する額について繰出す。 雨水処理費と汚水処理費の区分は、分流式下水道では比較的容易であるが、合流式下水道では困難な場合も多いため、旧自治省から「公共下水道事業繰出基準の運用について」（昭和56年自治準企第153号）として「雨水・汚水経費区分基準」が示されている。
ロ）分流式下水道等に要する経費 （資本費）	分流式下水道等に要する資本費の一部について繰出す。 経費の算定は、分流式下水道等に要する資本費から「雨水処理に要する経費」、「高度処理に要する経費」、「高資本費対策に要する経費」の対象となる資本費を控除した残りの資本費のうち、その経営に伴う収入をもって充てることができないと認められるもの（適正な使用料を徴収してもなお使用料で回収することが困難であるもの）に相当する額とする。
ハ）流域下水道の建設に要する経費 （建設改良費、現在は資本費）	都道府県は、流域下水道の当該年度の建設改良費から国庫補助金・市町村負担金を控除した額の40％（単独事業は10％）について繰出す。 市町村は、都道府県の流域下水道に対して支出した建設費に係る市町村負担金の40％（単独事業10％）について繰出す。 ただし、平成12年度からは、繰出しに代えて臨時的に発行する下水道事業債の元利償還金に相当する額とする。
ニ）下水道に排除される下水の規制に関する事務に要する経費 （維持管理費）	特定施設の設置の届出の受理、計画変更命令、改善命令等に関する事務、排水設備等の検査に関する事務及び除害施設に係る指導監督に関する事務（専ら下水道の施設又は機能の保全のために行う事務を除く。）に要する経費相当額について繰出す。
ホ）水洗トイレに係る改造命令等に関する事務に要する経費 （維持管理費）	水洗便所への改造命令及び排水設備に係る監督処分に関する事務に要する経費の50％について繰出す。
ヘ）不明水の処理に要する経費（維持管理費）	計画汚水量を定めるときに見込んだ地下水量を超える不明水の処理に要する維持管理費に相当する額について繰出す。
ト）高度処理に要する経費 （資本費・維持管理費）	下水の高度処理に要する資本費及び維持管理費（特定排水に係るものを除く）に相当する額の一部（50％を基準とする）について繰出す。
チ）高資本費対策に要する経費 （資本費）	供用開始30年未満の下水道事業（特定公共下水道及び流域下水道を除く。）で、前々年度の有収水量1㎥あたりの算定対象資本費が48円以上で、かつ、使用料が150円以上のもので、経営戦略を策定しているとき、資本費超過額の一部について繰出す。
リ）広域化・共同化の推進に要する経費 （資本費）	平成30年度以前に発行した下水道事業の広域化・共同化を推進するための計画に基づき実施する施設の整備に要する下水道事業債（広域化・共同化分）の元利償還金の55％に相当する額について繰出す。 「広域化・共同化計画」に基づき令和元年度以降に実施する広域化・共同化に要する資本費の一部について繰出す（令和4年度から一部拡充）。
ヌ）地方公営企業法の適用に要する経費 （維持管理費）	地方公営企業法の適用に要する経費及びこれに充当した下水道事業債の元利償還金のうち、その経営に伴う収入をもって充てることができないと認められるものに相当する額とする。
ル）下水道事業債（特別措置分）の償還に要する経費（資本費）	下水道事業債（特別措置分）の元利償還金に相当する額について繰出す。 平成18年度の地方財政措置の変更に伴い、平成17年度以前に発行した下水道事業債に対する従前の7割措置を補償する意味合いを持つ。
ヲ）下水道事業債（普及特別対策分）の償還に要する経費（資本費）	下水道普及特別対策事業計画に基づいて実施する事業（平成8～14年度）に充てるため発行された下水道事業債（普及特別対策分）の元利償還金の55％に相当する額について繰出す。
ワ）下水道事業債（臨時措置分）の償還に要する経費（資本費）	流域下水道の建設に要する経費について、一般会計からの繰出しに代えて、臨時的に発行された下水道事業債（臨時措置分）の元利償還金に相当する額について繰出す。 緊急下水道整備計画に基づいて実施された事業（平成5～14年度）に係る下水道事業債（臨時措置分）の元利償還金に相当する額について繰出す。
カ）下水道事業債（特例措置分）の償還に要する経費（資本費）	平成5年度の国庫補助負担率の恒久化に伴い、平成12年度までに許可された下水道事業債（特例措置分）の元利償還金について繰出す。

　汚水処理の原価（基準内繰出部分を除く。）のうち、どの程度使用料で賄っているかを示す指標として「経費回収率」がありますが、基本的には、100％に満たない部分がある場合には、その部分が基準外繰出とし繰り出されている部分に相当します。ただし、地方公共団体においては、様々な事情により基準内繰出であるのに基準外繰出として計上している場合も見受けられますので、留意が必要です。

②　地方交付税措置

　地方交付税制度とは、地方公共団体間の財源の不均衡を調整し、どの地域に住む国民にも一定の行政サービスを提供できるよう財源を保障するものです。

　地方交付税には、普通交付税（94％）と特別交付税（6％）の二つがあり、普通交付税は、各地方公共団体が合理的・妥当な水準で自主的に行政事務を執行するのに必要な経費（基準財政需要額）と、標準的な状態において得られる税等の収入額（基準財政収入額）を算定し、収入が経費に不足する場合には、その財源不足額を国が補填するものです。また、特別交付税は、基準財政需要額に補足されなかった特別の財政需要等を考慮し、国が補填するものです。

　基準財政収入額は、標準的な地方税収入見込額×75％（25％は留保財源）等で計算されるのに対し、基準財政需要額は、事業者ごとに、単位費用×測定単位×補正係数で計算されます。

　これらの具体的な算定方法等については、地方交付税法に基づく総務省令（普通交付税に関する省令）で規定されています。

　下水道事業については、**図表40**のとおり、経費の種類として、道府県の流域下水道は、「地域振興費」、市町村の公共下水道は、「下水道費」と「包括算定経費」において計上されており、それぞれ、

図表40 基準財政需要額に算入される下水道事業の経費（令和３年度）

地方団体の種類	道府県	市町村	
下水道の種類	流域下水道 （市町村建設費負担金を含む）	公共下水道 （雨水公共下水道を除く。）	
経費の種類	地域振興費	下水道費	包括算定経費
測定単位	人口	人口	
算定経費（A） ※標準団体の一 般財源所要額	地域振興費 832,244千円 公共施設等建設費 110,000千円 合計 942,244千円	公共下水道事業特別会 計等繰出金 9,900千円	企画費や建設事業費等 の合計 1,897百万円（うち下 水道整備費21百万円）
標準団体の 行政規模（B）	1,700,000人	100,000人	100,000人
単位費用（A÷B）	534円/人	99円/人	19,000円/人
補正係数	・段階補正 ・密度補正 ・態容補正（普通、経 　常、投資、事業） ・寒冷補正（給与差、 　寒冷度、積雪度） ・数値急減補正	・普通態容補正 ・密度補正 ・投資態容補正 　投資補正 　事業補正	段階補正

※地域振興費の補正係数のうち、流域下水道事業に係るものは、事業費補正のみである。
※地域振興費及び下水道費の事業費補正に関して、平成14年度の事業費補正の見直しにおいて、引き下
　げた算入率分（5％相当）を標準事業費方式（単位費用）に振り替えている。
※各補正係数の算定方法は、普通交付税に関する省令を参照。

測定単位、単位費用、補正係数が決まっています。なお、雨水公共
下水道、都市下水路事業については、一般的な公共事業と同様の地
方交付税措置（地方債対象（事業費の90％）のうち財源対策債分（40％）
の２分の１について地方交付税措置）です。

　なお、この区分については、平成19年度の交付税の見直しによっ
て変更されたもので、それまで、道府県の流域下水道については、「投
資的経費」の「その他の諸費」とされていたものが、個別算定経費
の「地域振興費」として計上されることとなり、また、市町村の公
共下水道については、「経常経費」と「投資的経費」に区分されて
いたものが、「経常経費」と「投資的経費」のうち補正係数でみて
いた部分が個別算定経費の「下水道費」とされ、また、「投資的経
費」のうち元利償還金相当額の公費負担部分（概ね5％程度）が「包

括算定経費」とされました（図表41参照）。

図表41　基準財政需要額に算入される下水道事業の費用の変遷

地方団体の種類		道府県	市町村	
下水道の種類		流域下水道	公共下水道（雨水公共下水道を除く。流域関連市町村建設負担金を含む。）	
～平成16年度	経費の種類	その他の土木費・投資的経費	投資的経費	経常経費
	単位費用算定の基礎	土木共通事業の実施に要する経費等を算定	下水道施設に係る地方債の元利償還金相当額の公費負担分を算定	下水道の維持管理に要する経費の公費負担分を算定
平成17年度～平成18年度	経費の種類	その他の諸費・投資的経費	投資的経費	経常経費
	単位費用算定の基礎	他の費目で算定されない建設事業費等を算定	下水道施設に係る地方債の元利償還金相当額の公費負担分を算定	下水道の維持管理に要する経費の公費負担分を算定
平成19年度（～現行）	経費の種類	地域振興費	包括算定経費	下水道費
	単位費用算定の基礎	地域資源活用事業費、人づくり事業費、ユニバーサルデザインによるまちづくりに要する経費、ＮＰＯ等の活動の活性化に要する経費、地域スポーツ振興、地域間交流対策に要する経費、消費者行政推進費及び地域総合整備事業債（特別分等）等元利償還相当費等を算定	下水道事業の施設に係る地方債の元利償還金相当額の公費負担分を算定	下水道の維持管理に要する経費の公費負担分を算定

出所：『平成18年度地方交付税制度解説（単位費用篇）』（一般社団法人地方財務協会）
　　　『平成26年度地方交付税制度解説（単位費用篇）』（一般社団法人地方財務協会）

（注）なお、平成14年度の事業費補正の見直しにより、地方債元利償還金の事業費補正方式による基準財政需要額への算入率を引き下げが行われたが、当該引下げ部分は、単位費用により措置される標準事業費方式に振り替える（単位費用の5％相当）こととされた。

③　一般会計繰出基準ごとの財政措置

以上を踏まえ、一般会計繰出基準の各経費に対応した具体的な地方財政計画上の考え方、財政措置（普通交付税の事業費補正措置、特別交付税）を整理すると、**図表42**のとおりです。

図表42　公費で負担すべき経費と地方財政計画上の考え方、交付税措置との関係

公費で負担すべき経費（繰出基準）	対象事業	対象経費	地方財政計画上の考え方	財政措置
イ）雨水処理に要する経費（維持管理費）	すべての下水道事業	下水道施設の維持管理に要する経費	雨水分として対象経費の1.4割を計上	対象経費について普通交付税により措置（排水人口、排水面積に基づき密度補正）
イ）雨水処理に要する経費（資本費）		下水道施設の建設改良に要する経費【元利償還金】	雨水分として合流式は対象経費の2割、その他は1割を計上	対象経費に対する下水道事業債の充当（充当率100%）元利償還金に対して普通交付税により措置
ロ）分流式の公共下水道等に要する経費	分流式の公共下水道、それ以外の特定環境保全公共下水道、特定公共下水道、流域下水道		汚水公費分として分流式は処理区域内人口密度に応じて対象経費の2～6割、その他は6割計上	（合流式は42%、分流式は処理区域内人口密度に応じて21%～49%、その他は49%の事業費補正）
ハ）流域下水道の建設に要する経費	流域下水道	【都道府県】建設改良に要する経費のうち国費・関連市町村建設負担金を除いた部分の40%　【市町村】流域下水道に対して支出した関連市町村建設負担金の40%	全額計上。ただし、平成12年度以降は、繰り出しに代えて臨時的に発行する下水道事業債（臨時措置分）の元利償還金に相当する額を計上	対象経費に対する下水道事業債（臨時措置分）の充当元利償還金に対して普通交付税により（100%の事業費補正）措置
ト）高度処理に要する経費	活性汚泥法又は標準散水ろ床法より高度に下水を処理する事業	高度処理を実施することにより増加する資本費及び維持管理費	対象経費×一般排水比率1/2×公費負担率1/2	対象経費について特別交付税により措置　特別交付税＝対象経費×0.315×乗率※　※乗率　財政力指数　0.5未満　0.5以上0.8未満　0.8以上　都道府県　1.0　※1　0.2　指定都市　1.0　※2　0.5　※1「－8/3＊財政力指数＋7/3」で得た数　※2「－5/3＊財政力指数＋11/6」で得た数　一般市町村　1.0
チ）高資本費対策に要する経費	・供用開始30年未満の下水道事業（特定公共下水道、流域下水道を除く）・資本費単価が全国平均以上かつ使用料単価が150円/㎡以上のもの	当該団体の資本費単価と全国平均の資本費単価との差額に当該団体の年間有収水量を乗じて得た額（ただし、使用料単価による割落としあり。）	対象経費全額を計上	対象経費について普通交付税により措置（45%の投資補正）ただし、供用開始26年目以降30年目までは、9%の投資補正
リ）広域化・共同化の推進に要する経費	下水道事業広域化・共同化計画に基づく事業	下水道事業の広域化・共同化を推進するための計画に基づき実施する施設整備に要する経費	下水道事業債（広域化・共同化分）の55%に相当する額	平成30年度以前に発行した下水道事業債（広域化・共同化分）の元利償還金に対して普通交付税により（55%の事業費補正）措置ただし、平成14年度以降の同意等債については、50%「広域化・共同化計画」に基づき令和元年度以降実施する広域化・共同化に要する経費に係る元利償還金に対して、普通交付税により（28～56%）措置、令和4年度から措置拡充（流域下水道への統合について繰出基準を1割引き上げるとともに、同一市町村内の処理区統合も対象に）
ヌ）地方公営企業法の適用に要する経費	法適用の準備を進める事業	法適用の準備に要する経費	下水道事業債の元利償還金のうち、その経営に伴う収入をもって充てることができないと認められるものに相当する額	元利償還金に対して普通交付税により措置（21%～49%）
ル）下水道事業債（特別措置分）の償還に要する経費	平成18年度の地方財政措置の変更により、平成17年度以前に発行を許可された下水道事業債の元利償還金に対する地方財政措置について影響が生じる事業	平成18年度の地方財政措置の変更に伴い発行した下水道事業債（特別措置分）の元利償還金	下水道事業債（特別措置分）に相当する額	下水道事業債（特別措置分）の元利償還金に対して普通交付税により（70%の事業費補正）措置ただし、合流管整備比率や処理区域内人口密度に応じた乗数を乗じる
ヲ）下水道事業債（普及特別対策分）の償還に要する経費	下水道普及特別対策事業計画に基づいて実施する事業	左記事業に係る下水道事業債（普及特別対策分）の元利償還金	下水道事業債（普及特別対策分）の70%に相当する額	下水道事業債（普及特別対策分）の元利償還金に対して普通交付税により（55%の事業費補正）措置ただし、平成8年度以降14年度に発行を許可されたものに限る

| ワ）下水道事業債（臨時措置分）の償還に要する経費 | 緊急下水道整備特定事業実施要綱により実施された事業 | 左記事業に係る下水道事業債（臨時措置分）の元利償還金 | 下水道事業債（臨時措置分）の元利償還金に相当する額 | 下水道事業債（臨時措置分）の元利償還金に対して普通交付税により（100%の事業費補正）措置 |
| カ）下水道事業債（特例措置分）の償還に要する経費 | 平成5年度の国庫補助負担率の恒久化に伴い、平成12年度までに発行を許可された下水道事業債（特例措置分） | 下水道事業債（特例措置分）の元利償還金 | 下水道事業債（特例措置分）の元利償還金に相当する額 | 下水道事業債（特例措置分）の元利償還金に対して普通交付税により（100%の事業費補正）措置 |

出典：「下水道財政のあり方に関する研究会」（総務省）第1回資料及び『下水道経営ハンドブック』（下水道事業経営研究会（ぎょうせい））をもとに加工

　図表42の中のイ）雨水処理に要する経費については、平成17年度までは、一律に、雨水に係るものは7割、汚水に係るものは3割と考え、雨水に係る7割のうち約7割を交付税措置（事業費補正45%、単位費用5%）していました。しかしながら、先に述べたとおり、総務省の「今後の下水道財政の在り方に関する研究会」報告書（平成18年3月）において、

・近年の合流式下水道と分流式下水道の建設費の実態を踏まえ合流式と分流式を区分して雨水に係る割合を考える必要があること

・分流式の公共下水道等においては公共用水域の水質保全への効果が高く汚水に係る部分についても処理人口密度に応じた一定の公費負担が必要であること

が示されました。

　これを踏まえ、平成18年度以降は、

①　合流式の公共下水道については、雨水に係る6割のうち7割を交付税措置（事業費補正37%、単位費用5%）、分流式の公共下水道については、雨水に係る1割部分と、汚水公費分として処理区域内人口密度に応じた2～6割の部分を合計したもの（3～7割）のうち、7割を交付税措置（事業費補正16%～44%、単位費用5%）

②　特定環境保全下水道、特定公共下水道、流域下水道については、公費部分7割のうち7割を交付税措置（事業費補正44%、単位費用5%）

とされることとなりました（図表43参照）。

図表43 地方財政措置の見直し（平成18年度）

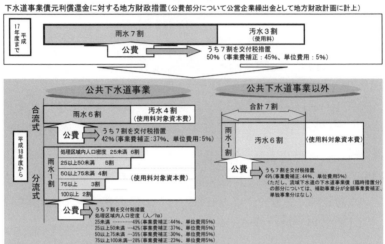

　なお、「下水道財政のあり方に関する研究会」報告書（総務省、平成27年9月）において、平成18年度に導入した分流式の公共下水道等の汚水一部公費の効果について検証の結果、継続が必要とされるとともに、①公害防止対策事業の見直し、②条件不利地域への対応、③老朽化への対応について見直しの方向性が示されました（図表44①参照）。

　また、**図表42**の中のチ）高資本費対策に要する経費については、下水道事業は事業の立ち上がり時期等は、接続率が低い状況にとどまらざるを得ないことから、地域の状況によっては、汚水対策に係る経費（私費部分）を全額下水道使用料で賄うことは厳しい状況にあるため、これへの対策を講じる趣旨から設けられているものです。

　具体的には、**図表45**のとおり、下水道使用料の対象となる汚水に係る資本費が高水準となる場合において、下水道使用料が著しく高くなることを抑制するため、一定水準の使用料徴収を前提に、資

図表44①　「下水道財政のあり方に関する研究会」報告書のポイント（平成27年9月）

今後の下水道財政の方向性

現行制度の検証

決算分析によれば、現行の地方財政措置により、人口密度が低い地域を中心に資本費が抑制され、より実態に即した制度となっており、引き続き現行制度の継続が必要。

① 公害防止対策事業の見直し

〔公害防止対策事業（下水道）〕
・昭和46年度～
・元利償還金の50%を交付税措置
　（他地域は16～44%）
・主に大都市及びその周辺都市が対象

→ ○ 普及率が高まり、下水道事業が大都市だけでなく、幅広い地域で実施される公共サービスとなっていること等を踏まえ、公害防止対策事業債の地方財政措置のあり方を検討すべき。

② 条件不利地域への対応

条件不利地域において、資本費が著しく高い場合に公費負担制度（高資本費対策）あり
〔要件〕供用開始後30年未満
　　　　使用料単価150円/㎥以上　等

→ ○ 当該地域は、人口減少等の厳しい経営環境にあることから、「経営戦略」の策定を要件化することが適当。
○ 構造的に資本費が高い地域にも下水道が普及しつつあること等を踏まえ、30年未満要件について、廃止を含め見直しを検討。

③ 老朽化への対応

・都市部を中心に今後、更新・老朽化対策事業の大幅な増加が見込まれる。
・新たな使用料収入の増が見込まれないため、今後、収支の悪化が懸念。
・積立金等により将来の老朽化対策に備えている団体は極めて少ない。

→ ○ 「経営戦略」に、老朽化対策として積立金や使用料のあり方を盛り込むことが考えられる。
○ 資産老朽化対策のための新たな積立金の類型の検討。必要額算出方法等のガイドラインの検討。
○ 施設の再構築等のための費用を使用料算定原価に含めることについての検討。

図表44②　「下水道財政のあり方に関する研究会」報告書 概要②（令和2年11月）

下水道事業に係る地方財政措置の今後の方向性

1. 下水道事業債の元利償還金に対する地方財政措置
　①財政措置の見直しについて
　　・公共下水道全体としての地財措置上の雨水・汚水資本費の割合は、直近の決算状況と照らして変更する状況には無い一方、個別団体によって、地財措置上の公費負担割合と繰出しの実態の乖離幅にばらつきがあることや下水道事業の環境変化等（新設事業の減少、更新経費や維持管理費の増加等）を踏まえた、汚水事業に対する公費負担のあり方については、下水道事業の持続可能性の確保等の観点から今後も不断の検討が必要と考えられる。
　②雨水事業に対する財政措置
　　・近年の内水氾濫対策の必要性の高まりや、雨水事業への繰出しの実態等を踏まえ、緊急性の高い雨水事業への地財措置のあり方を検討すべき。
　③雨水事業・汚水事業の収支の分離
　　・収支の分離は、汚水事業における適正な使用料徴収に向けた算定根拠の明確化や、広域化・共同化の推進等に繋がることが期待できる。分離にあたっては、セグメ

ントで区分し、<u>予算書及び決算書のセグメント情報に関する注記による公表</u>が考えられる。

④「公害の防止に関する事業に係る国の財政上の特別措置に関する法律」に基づく公害防止対策事業債（公防債）

・公防債対象団体には大都市やその周辺地域が多く、当該団体の下水道整備水準は高く、経営状況も良好であることを踏まえ、<u>公害財特法の法期限到来（R2年度末）後における下水道事業に係る特別な地財措置については、その必要性も含め適切なあり方を検討すべき</u>。検討にあたっては、今後の環境省等における、同法に関する議論の動向も十分注視が必要であるが、仮に同法が失効する場合には、失効後の一定期間は、制度の終了に伴う影響等に対する適切な配慮も必要と考えられる。

2. 使用料

①使用料水準

・「月3,000円/20㎥・月」という水準は、<u>雨水公費・汚水私費の原則、経費回収率や住民負担の状況、下水道経営の持続可能性の確保等を総合的に勘案しつつ、検討が必要</u>と考えられる。見直しに当たっては、単に水道料金を参考とせず、下水道事業の持続可能性の確保等、より適切な考え方に基づいた検討が必要。また、使用料水準は地財措置の前提条件となってることから、繰出基準も含めた下水道事業に対する地方財政措置のあり方とも一体的に検討する視点も必要。

②資産維持費

・下水道の新設事業がピークを越え、今後は更新事業が増大する見込みであり、<u>資産維持費について団体において検討を進めていく時期</u>に来ている。導入のタイミングについても、経費回収率の状況や累積赤字の有無等、各団体がそれぞれの事情に合わせて検討が必要。

3. 高資本費対策

①対象年限の要件

・<u>制度設計の前提に相違して、供用開始後30年経過後も資本費が高止まりし、30年前後での収支均衡が成立しなくなっているケースも存在するものと考えられる</u>ことから、<u>対象年限要件の見直しは必要</u>と考えられるが、単に年限延長のみ検討するのではなく、制度自体の考え方を改めて整理するなど、<u>高資本費対策のあり方についての更なる抜本的な検討が必要</u>と考えられる。

②更なる経営努力に関する要件

・総務省が公営企業会計導入を要請していることも踏まえると、例えば<u>一定の周知期間を確保の上で、要件に「公営企業会計の適用」を追加すること</u>が考えられる。

4. 汚水処理の最適化

・既整備区域も含め、最適化を一層促進するための仕組みとして、<u>下水道に係る地財措置の適用にあたって最適化に向けた検討状況を勘案</u>することも考えられる。

本費の一部を地方交付税措置する制度（高資本費対策）が設けられています。なお、下水道事業における高資本費対策に係る地方交付税措置については、人口3万人以上の地方公共団体は令和3年度から、人口3万人未満の地方公共団体は令和6年度から、公営企業会計の適用を要件とする予定となっています。

さらに、平成30年（2018年）2月から同研究会が再び設置され、同年12月には、主に支出面の課題とその対応策として、広域化・共同化等の経営形態の見直しや老朽化対策等についての見直しが中間報告書（令和元年度より、広域化・共同化に係る地方財政措置を拡充）として取りまとめられました。その後、令和2年（2020年）11月に報告書が取りまとめられ、下水道事業に係る地方財政措置の今後の方向性が示されています（図表44②参照）。

図表45　高資本費対策の概要

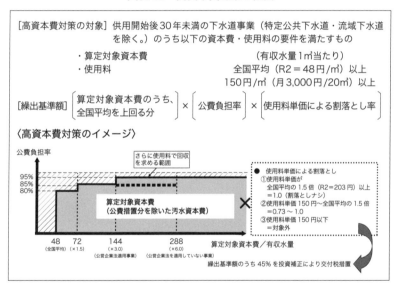

3）地方債の償還の繰延べ・繰上げ

①　資本費平準化債

下水道事業については、概ね地方債の償還期間が施設の耐用年数より短いことから、年度ごとの元金償還費と減価償却費との間に乖離が生じ、資金不足が発生するおそれがあります。

このため、昭和56年度に、先行投資対策のための未稼働資産等債

が創設されていましたが（昭和61年度に資本費平準化債に制度改正）、平成16年度からは、年度ごとの元金償還費と減価償却費との差額について起債（リファイナンス）できるように資本費平準化債の制度の拡充が行われました（**図表46**参照）。地方債は、建設改良費を対象とするのが基本ですが、資本費平準化債については、建設改良費に準じる「準建設改良費」として地方債の対象となっています。

図表46　資本費平準化債の概要

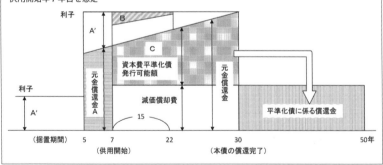

〔資本費平準化債の対象〕
　A：建設中施設に係る元金（供用開始前の施設にかかる企業債元金償還金に対する起債）
　A'：建設中の施設に係る利子（→建設改良費）
　B：未利用施設の利子（供用開始後15年以内の施設のうち未利用部分に係る利子に対する起債）
　C：建設改良地方債の元金（供用開始後の施設に係る元金償還金から当該施設の減価償却費相当額を差し引いた額に対する起債〈資本費平準化債（拡大分）・平成16〜〉）
　なお、法非適用事業については、次の算式により減価償却費相当額を算出する。
〔算式〕
　法非適事業の減価償却費＝（A÷49＋B÷24＋C÷25＋D÷35＋E÷35）×0.9
　・A：管きょに係る下水道事業債の発行額に相当する額、B：ポンプ場に係る下水道事業債の発行額に相当する額、C：処理場に係る下水道事業債の発行額に相当する額、D：流域下水道建設費負担金に係る下水道事業債の発行額に相当する額、E：その他に係る下水道事業債の発行額に相当する額
　・下水道事業債発行額は、一定期間（過去の施設等の耐用年数の期間）に発行した下水道事業債を合算したもの
　・資本費平準化債の発行可能額については、従前の算定額（平成27年度以前）が現行の算定額（平成28年度以降）に比して少ないときは、次により算定される額とする
　（現行の算定額）＋（従前の算定額－現行の算定額）×2/3

供用開始年7年目を想定

②　地方債の補償金免除の繰上償還制度

　平成19年度から平成24年度において、厳しい地方財政の状況等を踏まえて、特例措置として、地方公共団体が過去に借り入れた高金利（5%以上）の公的資金（旧資金運用部資金・旧簡易生命保険資金・

旧公営企業金融公庫資金）による借入金の一部について、徹底した行政改革・経営改革を実施すること等を要件に、補償金を免除した繰上償還を認められました（**図表47**参照）。

　下水道事業においては、管理運営費における資本費のウエイトが大きいため、高金利な資金から低金利の借換え措置の実施は、下水道事業の経営改善に大きな効果を果たしました。

図表47　地方債の補償金免除の繰上償還制度の概要

> **趣　旨**
>
> ○厳しい地方財政の状況に鑑み、19年度から21年度までの臨時特例措置として、地方向け財政融資の金利5%以上の貸付金の一部について、新たに財政健全化計画等を策定し徹底した行政改革・経営改革を実施すること等を要件に、補償金を免除した繰上償還を実施
> ○20年秋以降の深刻な地域経済の低迷と大幅な税収減という異例の事態を踏まえ、今般限りの特例措置として上記措置を3年間延長し、更なる行政改革・経営改革の実施等を要件として、22年度から24年度において実施
>
> **対象となる地方債**
>
> 平成4年5月31日までに貸し付けられた金利5%以上の地方債。
>
> **4条件**
>
> 補償金免除による繰上償還は、以下のように「4条件」を満たし、法律に基づいて行うことを要件とする。
> ①　抜本的な行政改革・事業見直しが行われること
> ②　繰上償還の対象となる事業と他の事業について、明確な勘定分離ないし経理区分が行われ、他の事業に対する財政融資資金が繰上償還対象事業に流用されないことが確認されること
> ③　財政健全化・公営企業経営健全化へ向けた新規の計画が策定・実施されること
> ④　財政状況の厳しい団体について、補償金を免除した繰上償還と併せて抜本的な行財政改革が行われることにより、早期の財政健全化が図られ、最終的な国民負担の軽減につながると認められること
>
> **公営企業債の対象団体要件**
>
> ○平成19年度から21年度
> 　年利5〜6%以上の残債：資本費が基準値以上
> 　年利7%以上の残債：資本費は基準値未満であるが、実質公債費比率が15%以上、経常収支比率が85%以上又は財政力指数が0.5以下の公営企業
> ○平成22年度から24年度
> 　年利5〜6%以上の残債：将来負担比率が基準値以上又は資本費が基準値以上
> 　年利7%以上の残債：実質公債費比率が15%以上、経常収支比率が85%以上又は財政力指数が0.5以下の公営企業

　また、PFI事業に関連して補償金免除の繰上償還が認められた事例もあります。これは、地方公共団体の上下水道事業でのコンセッ

ション方式導入促進の観点から、今後の横展開の呼び水となる先駆的取組を支援するという政策目的のために、平成30年度から令和5年度までの間に限って補償金を免除した繰上償還が認められたものです。具体的には、令和3年度までにコンセッション方式による事業の実施方針条例を制定した地方公共団体を対象に、厳しい経営環境にあり自助努力を行っていること等の支援要件を満たしていることを条件として、平成30年度から令和5年度までの間において、最初に民間事業者から受け取った運営権対価を上限に、当該コンセッション方式の事業範囲に係る地方公共団体の債務を繰上償還する際の補償金の免除を特例的に認めることとしました。それにより、平成30年度には、下水道事業でコンセッション方式を導入し、民間事業者からの運営権対価を得た浜松市が5億3,300万円の繰上償還を実施し、6,400万円の補償金が免除されました。

4) 下水道使用料

① 根　拠

　下水道管理運営費のうち、「雨水対策に要する経費」と「汚水対策に要する経費のうち公費で負担すべきもの」を除いた部分については、基本的には、下水道使用料で賄うこととなります。

　法的には、下水道法において、「公共下水道管理者は、条例で定めるところにより、公共下水道を使用する者から使用料を徴収することができる」旨の規定があります（下水道法第20条第1項）。

　なお、この規定は、当該規定が盛り込まれた昭和33年の新下水道法の制定までは、地方自治法第225条に基づく条例により下水道使用料を徴収している団体があったことに対して、下水道が利用強制の性格を有することを重視する視点から反論があったことに関して、立法的解決を図った規定であるとされています。

②　使用料の算定

使用料の算定に当たっては、将来の一定期間における事業の運営収入・支出を適切に把握することが必要であることから、使用料算定期間を対象とする経営計画を策定することが必要です。

経営計画は、計画期間内における汚水処理の需要、施設の建設改良計画、施設の管理計画、職員の配置計画等を踏まえた計画となっていることが重要です。計画期間については、予測の確実性と公共料金の安定性等の観点から、概ね3年～5年程度が適当とされています。

なお、使用料算定の基本的な考え方を詳細に説明したものとして、「下水道使用料算定の基本的考え方（2016年度版）」（平成29年3月、日本下水道協会）がありますので、適宜参照してください。

使用料算定の作業手順については、**図表48**のとおり、使用料対象経費の算定の段階と使用料体系の設定の二つの段階があります。

使用料対象経費の算定の段階においては、経営計画を基に、現行使用料における収入の見積もりと、汚水処理に係る支出（維持管理費、資本費）を推計します。

先に述べたとおり、維持管理費とは、処理場等の運営、各種施設等の清掃・点検・修繕といった日々の維持管理に必要な経費であり、また、資本費とは、公営企業会計を適用している場合には、減価償却費、企業債等の支払利息等、公営企業会計を適用していない場合には、地方債の元利償還費等ですが、使用料対象経費としての資本費には、これに加え、必要に応じ資産維持費も含まれることとなります。資産維持費とは、将来の更新需要が新設当時と比較し、施工環境の悪化、高機能化（耐震化等）により増大することが見込まれる場合、使用者負担の期間的公平等を確保する観点から、実体資本を維持し、サービスを継続していくために必要な費用（増大分

第3章
下水道事業の経営手法

図表48　使用料算定の作業手順

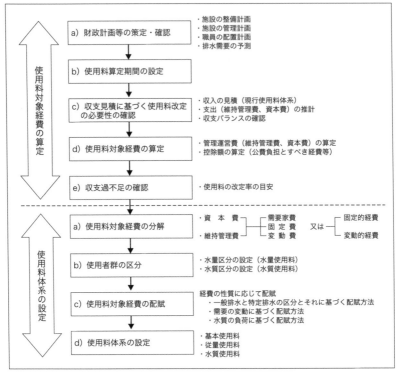

出典：『下水道使用料算定の基本的考え方（2016年度版）』（日本下水道協会）

に係るもの）として、適正かつ効率的、効果的な中長期計画に基づいて算定したものをいいます。資産維持費を使用料対象経費に算入する場合には、普段の経営効率化努力や経営状態等を使用者に説明することを通じ、理解の醸成を図ることが重要です。

　上記の汚水処理に係る支出から、高度処理や分流式下水道に係る公費負担分、附帯的事業経費（し尿処理受託事業等）、関連収入（手数料等）を控除したものが、使用料対象経費となります。地方公営企業法の適用事業においては、国庫補助金等により取得し又は改良した資産の償却見合い分が順次収益化されますが、原則として、国

庫補助金等（汚水に係るものに限る。）に係る長期前受金戻入相当額については、使用料対象経費の算定に当たり減価償却費から控除するものとされています。

　なお、「下水道使用料算定の基本的考え方（2016年度版）」では、コンセッション方式における下水道利用料金等の取扱いが明確化されました。具体的には、コンセッション方式において公共施設等運営権者が下水道使用者から収受する下水道利用料金についても、下水道使用料の一部として下水道法第20条第2項が適用されることから、広義の下水道使用料として、「基本的考え方」で示す使用料対象経費の考え方が適用されることとされました。また、運営権者が行う維持管理に係る費用（運営権者に係る公租公課、配当金等の適正利潤を含む。）は、委託料に準じるものとして使用料対象経費となります。

　現行使用料における収入の見積もりと使用料対象経費で両者の差分である収支過不足を確認します。収支過不足の状況によっては、必要に応じ、施設の建設改良計画、施設の管理計画等の見直しを検討します。最終的には、これまでの使用料設定の経緯、関係者のコンセンサスの可能性等、様々な事情を総合的な判断の上、使用料対象経費を確定します。

　使用料体系の設定の段階においては、まず、使用料対象経費の分解を行います。具体的には、「需要家費」と「固定費」と「変動費」に分解するのが一般的です。「需要家費」とは、下水道使用量の多寡に係わりなく主として下水道使用者数に対応して増減する経費であり、例えば、使用料徴収関係費があります。「固定費」とは、下水道使用量、使用者数の多寡に係わりなく下水道施設の規模に応じて固定的に必要とされる経費であり、例えば、資本費、電気料金の基本料金、人件費の基本給部分等があります。「変動費」とは、主

第3章

下水道事業の経営手法

として下水道使用量の多寡に応じて変動する経費であり、動力費の大部分、薬品費等があります。

　次に、一定の使用料を割り当てる使用者群（グループ）の区分を検討します。この場合、汚水の排出量の段階に応じた水量区分により、使用者を区分することが一般的です。従量使用料で累進制を取った場合には、需要抑制のインセンティブが働きますので、区分を多めに設定する方が経営に与える影響は少ないといわれています。なお、水質使用料を採用するに当たっては、個々の使用者の水質の態様に応じて水質項目ごとに水質濃度を基準として使用者群を設定することとなります。

　ある程度、使用者群が決まったら、使用料対象経費の分解基準に基づき分解した経費について、それぞれの経費の性質に応じた配賦基準により各使用者群への配賦を行います。

　配賦基準については、概ね、

　a　「需要家費」は、概ね検針回数に応じて各使用者群に均一に配賦する

　b　「固定費」は、使用者群の排水需要の変動に着目して各使用者群に傾斜配分する、又は、排水需要のデータがない場合には、特定排水（工場等から排除される下水のうち一定量以上のもの）と一般排水（特定は排水以外のもの）の区分を活用し、各使用者群に調整して配賦する

　c　「変動費」は、全水量に均等に配賦する

というのが基本的なものとなっています。なお、水質使用量の場合には、これに準じて行うこととなります。

　使用料対象経費の配賦結果を受け、「基本使用料」（使用量の有無に係わりなく一律の金額が賦課されるもの）、「従量使用料」（使用量の多寡に応じて金額が賦課されるもの(使用量×単価))・「累進使用料」（従

量使用料のうち、使用量の区分に応じた単価を設定し、使用量の増加に応じて単価を高くするもの）等の使用料体系の検討を行います。

　基本的な考え方としては、使用料対象経費の配賦結果を踏まえ、「需要家費」と「固定費のうち相当部分（以下のA以外の部分）」を基本使用料として設定するとともに、変動費を従量使用料の比例部分として、また、「固定費のうち相当部分（大口需要家の需要変動リスクに対応するためのコスト部分：A）」を従量使用料の累進部分として設定することが基本になると考えられます。経営の安定性から見ると、基本使用料の部分が大きいほど経営が安定するといわれています。

　これとは別に、これまで、日常生活で最低限必要な水量（例：20㎥）を設定し、これに係る使用料を比較的低廉なものとするため、その水量までは従量使用料は取らず、基本使用料1本とする「基本水量制」が採られることが多くありました。ただ、この制度については、基本水量に満たない使用量の少ない利用者から見て不公平ではないか等の指摘があり、また、日常生活に係る部分を比較的低廉なものとする観点からは「基本使用料＋従量使用料」で考慮すれば足りるため、近年、基本水量を減らしたり、基本水量制を廃止したりするところが増えています。

　また、累進使用料については、上記の大口需用者の需要変動リスクに対応するためのコストを調整・配賦するという趣旨に加え、これまで、省資源（水利用の抑制）を図るという趣旨も根拠とされてきました。しかし、近年水需要は減少傾向にあるため、水道の料金設定においてはこのような視点で累進性（逓増制）の従量料金設定を行う意義は少なくなってきており、むしろ水道事業者が水道料金を改定する際には従量料金の累進度合い（逓増度）を緩和する方向にあります。下水道政策においても水不足の地域等は別として、累

進使用料は根拠が乏しいものとなってきていると考えられます。人口減少社会等への対応下水道使用料の算定作業に当たっては、排水需要の予測、基本水量制を含む二部使用料制の設定（基本使用料の対象経費の範囲の設定等）、累進度の設定等の各場面においては、近年の節水傾向を踏まえた地域の排水需要の実態や将来的な人口減少の見込み等を適切に考慮する必要性が増しています。

　いずれにしても、使用料体系の見直しについては、基本的な考えだけでなく、これまでの使用料体系の設定の経緯、各層の利用者に与える影響、各層の利用者間の公平性、関係者のコンセンサス等を含め、様々な事情を勘案の上、総合的に判断することが必要でしょう（使用料の体系については、図表49参照）。

図表49　使用料の体系の分類

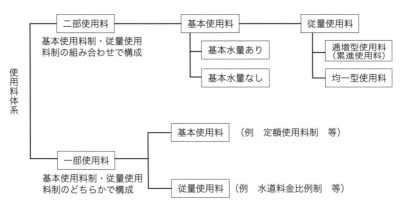

注）このほかに、水質使用料制や用途別使用料制（例：公衆浴場）を別にとる場合もある

5）市町村維持管理費負担金

①　根　拠

　流域下水道については、市町村建設費負担金と同様に、維持管理費のうち相応の部分については、関連市町村が費用を負担することが適当であり、この負担金を市町村維持管理費負担金といいます。

　法的には、下水道法において、「…流域下水道を管理する都道府県は、当該…流域下水道により利益を受ける市町村に対し、その利益を受ける限度において、その設置、改築、修繕、維持その他の管理に要する費用の全部又は一部を負担させることができる」旨の規定があります（下水道法第31条の2第1項）。

②　負担割合

　市町村維持管理費負担金の負担割合（流域下水道の維持管理費に対して、どれだけ市町村が負担するか。）については、下水道事業の実情等を踏まえて、都道府県が市町村の意見を聴いた上で、都道府県の議会の議決を経て決められるものですが（下水道法第31条の2第2項）、基本的な考え方として、建設省都市局長からの通知（**図表50**）があります。

図表50　下水道法の一部を改正する法律の施行について（昭和46年11月10日）（抄）

下水道法の一部を改正する法律の施行について
昭和四六年一一月一〇日 建設省都下企発第三五号 各都道府県知事・各指定市市長宛 建設省都市局長通知
記
第五　改正点の要旨及び運用上注意すべき事項 一四　第二章の二（流域下水道）及び第三一条の二関係 （4）改正法三一条の二の規定により、流域下水道の建設費又は維持管理費について、関係市町村に分担金を求めることができるものとされているが、流域下水道が広域根幹的な施設であることから、原則として都道府県が管理すべきものとしている趣旨を考慮し、関係市町村に負担させるべき額は、その建設に要する費用については、従来どおり、当該費用から国費を除いた額の二分の一以下の額とし、その維持管理に要する費用については、当該費用のうち関連公共下水道管理者が使用料として利用者に負担させるべき額、使用料の徴収状況等を勘案して定めることとされたい。

③ 財 源

市町村維持管理費負担金の財源は、市町村において、下水道使用料と一般会計繰出金によって賄われます。

4 財務会計

1）公営企業会計と官公庁会計

地方公営企業法（地方公営企業の組織・財務・職員の身分取扱等を規定する特別法）においては、下水道事業に同法を適用（全部適用又は一部（財務規定等）適用）するか、適用しないかは、各地方公共団体の任意となっています（地方公営企業法第2条第3項）。下水道事業については、少子高齢化の進展や大規模な改築更新時代の到来を見据え、経営の改善を図っていく必要に迫られていますが、その前提として、経営状況（損益情報、ストック情報等）をしっかり把握し、評価することが不可欠であり、そのためには、官公庁会計でなく、地方公営企業法の財務規定等を適用し、公営企業会計を導入することが重要です。

公営企業会計とは、通常の企業で行われる企業会計に準じた会計処理方式で、複式簿記・発生主義となっています。他方、官公庁会計とは、国や地方公共団体で行われる会計処理方式で、単式簿記・現金主義となっています。公営企業会計では、貸借対照表を作成しますので、資産、負債、資本の概念が導入されることとなり、貸借対照表上、「資産＝負債＋資本」という算式が成立することになります（図表51参照）。

図表51 公営企業会計と官公庁会計の相違点

公営企業会計（＝複式簿記・発生主義）	官公庁会計（＝単式簿記・現金主義）
損益計算書を作成 ※損益計算書：一会計期間における経営成績（利益や損失の額、費用と収益の状況）を表す財務諸表	損益計算書を作成せず →減価償却費・引当金といった、非現金情報が計上されず、正確なコストが把握できない。
貸借対照表を作成 ※貸借対照表：ある期日における財政状態（資産、負債、資本の額）を表す財務諸表	貸借対照表を作成せず → 現金以外の資産や負債の情報が蓄積されず、財産状況が見えない。
※現金の収入・支出に関する情報も、キャッシュフロー計算書で補足している。	

〈貸借対照表、損益計算書のイメージ〉

公営企業会計になると大きく変わるのは、現金主義でなく発生主義ということで、現金支出があっても全てが当該年度の費用とはならないことです。現金支出のうち、その年度の収益に役立ったと考えられる部分だけが当該年度の費用として認められ、翌年度以降の収益に見合う部分は資産として繰り延べられます。例えば、施設の建設改良など支出の効果が数年間にわたって継続するもの（固定資産）については、当該年度に全額が費用計上されず、耐用年数の期間中、見合いの費用（減価償却費）が費用として計上されることになります。繰延としては、固定資産の他に、繰延勘定、前払費用（例：地代の前払い）があり、逆に、見越計上としては、未払費用（例：

図表52 固定資産等の費用配分のイメージ

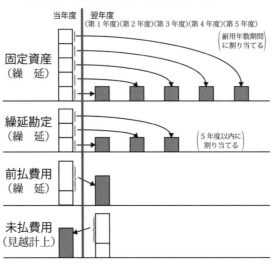

未払利息、未払賃借料）があります（**図表52**参照）。

　また、公営企業会計になると、予算の内容も変更になります。予算は、「収益的収支」（企業の経営活動に伴い発生すると予定されている全ての収益と費用（減価償却費を含む。）を計上）と「資本的収支」（建設改良費や企業債の元金償還金、建設改良に要する資金としての企業債収入等を計上）の二つから構成されることになります。これら二つの予算は、地方公営企業法施行規則の別記第一号様式において記載されている条文番号にちなんで、前者は「3条予算」、後者は「4条予算」といわれています。

　3条予算は、決算書類の損益計算書に当たるものであり、4条予算は、決算書類の貸借対照表の科目の増減を収入と支出に割り振ったものに当たると考えてよいでしょう。

　このため、公営企業会計においては、官公庁会計の歳入と歳出について、収益的収入と収益的支出、資本的収入と資本的支出に区分し直す必要があります（**図表53**参照）。

図表53　収益的収入と支出、資本的収入と支出の区分のイメージ

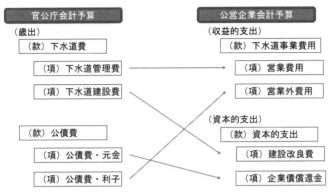

※歳出項目の下水道建設費により取得した資産の減価償却費は法非適用では計上しない。
　法適用では収益的支出の営業費用に含まれる。

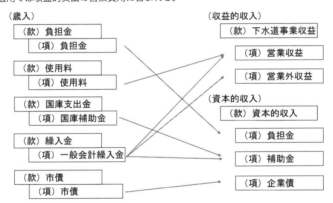

※歳入の一般会計繰入金は、雨水処理の維持管理費（減価償却費を含む。）充当分は収益的収入
　の営業収益に、汚水処理の維持管理費（減価償却費を含む。）充当分は収益的収入の営業外収
　益に、元金償還金（減価償却費相当分を除く。）充当分は資本的収入の補助金として計上
※負担金、国庫補助金等を財源として取得した資産に係る減価償却費の財源は、繰延収益に計
　上された長期前受金（負担金、国庫補助金）を収益化（戻入）して対応し、当該収益は収益
　的収入の営業外収益として計上

　なお、資本的収支については、支出（建設改良費、企業債の元金償還金等）に収入（企業債、補助金等）が不足する場合が発生しますが、補填財源として、収益的収支にある減価償却費、純利益等を使用できることとなっています（**図表54**参照）。

図表54 補填財源のイメージ

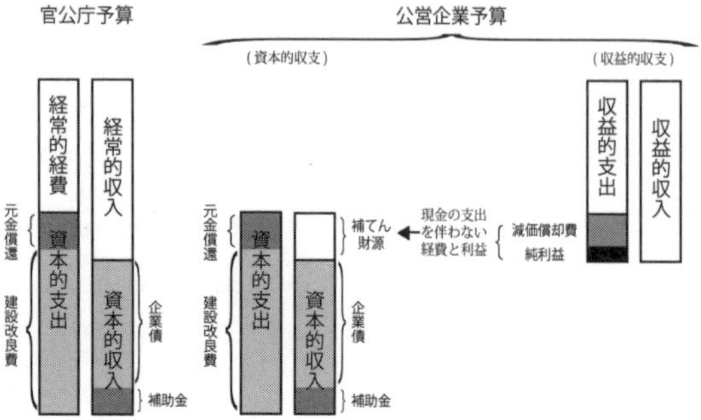

その他、公営企業会計と官公庁会計（特別会計）との制度上の主な違いは次のとおりとなっています（図表55参照）。

図表55 公営企業会計と官公庁会計（特別会計）との主な違い

		公営企業会計		官公庁会計（特別会計）	
		事項	参照条文	事項	参照条文
1	計理の方法	1 発生主義	法20、令9～13	1 現金主義	自治令142、143
		2 複式簿記		2 官公庁簿記（単式簿記）	
2	予算	1 調製者…長であるが、管理者に原案作成権が与えられており、長はこれを尊重し、必要な調製を加える	法8、9、24Ⅱ	1 調製者…長	自治法149、211 Ⅰ
		2 支出の特例		2 支出の特例	自治法218Ⅳ
		(イ)弾力条項 対象経費については附加制限なし。	法24Ⅲ	(イ)弾力条項 対象特別会計は条令で定め、職員の給料について弾力条項は、適用されない。	自治令149
		(ロ)建設改良費の繰越	法26、令19、則47別記⑧	(ロ)規定なし	自治法213、自治令146
		(ハ)規定なし		(ハ)明許繰越	自治則15の4
		3 予算書および関係書類 (イ)予算事項 業務の予定量、継続費、債務負担行為、企業債、一時借入金、各項の経費の金額の流用、流用禁止経費、一般会計又は他の特別会計からの補助金、利益剰余金の処分、たな卸資産購入限度額、重要な資産の取得及び処分	令17Ⅰ、則45別記①	3 予算書および関係書類 (イ)予算事項 継続費、繰越明許費、債務負担行為、地方債、一時借入金、各項の経費の金額の流用	自治法215、自治令147Ⅱ自治則14
		(ロ)予定収入・予定支出予算	令17Ⅱ、則45	(ロ)歳入歳出予算 款項に区分	自治法216、自治令147、

		収益的収入・支出と資本的収入・支出に大別し款項に区分	別記①		自治則15I
		(ハ)添付書類　予算実施計画、予定キャッシュフロー計算書、前事業年度の予定損益計算書、前事業年度及び当該事業年度の予定貸借対照表、その他	法25、令17の2、則46、別記②～⑤、則49、別記⑮、則48、別記⑩⑬	(ハ)添付書類　歳入歳出予算事項別明細書、地方債明細書、その他	自治法211Ⅱ、自治令144、自治則15の2
3　決算	1　手続	(イ)調製者…管理者	法30I	1　手続　(イ)調製者…出納長又は収入役	自治法233I
		(ロ)調製期限…事業年度終了後2月以内	法30I	(ロ)調製期限…出納閉鎖後3月以内	自治法233I
		(ハ)議会の認定…事業年度終了後3月以後に最初に招集される定例会である議会の認定に付する	法30Ⅳ	(ハ)議会の認定…次の通常予算を審議する会議までに議会の認定に付する	自治法233Ⅲ
		2　決算書類及び関係書類　(イ)決算　決算報告書（予算決算対照表）	法30I、Ⅶ、則48別記⑨～⑬	2　決算書類及び関係書類　(イ)決算　歳入歳出決算書※	自治法233、自治令166I、Ⅲ、自治則16
		損益計算書、剰余金計算書又は欠損金計算書、剰余金処分計算書又は欠損金処理計算書、貸借対照表			
		(ロ)添付書類　証書類、事業報告書、キャッシュフロー計算書、収益費用明細書、固定資産明細書、企業債明細書	法30I、令23、則49別記⑭～⑱	(ロ)添付書類　証書類、歳入歳出決算事項別明細書、実質収支に関する調書、財産に関する調書	自治法233I、Ⅴ、自治令166、Ⅱ、Ⅲ、自治則16の2
		3　利益剰余金及び資本剰余金の処分　欠損金補てん、積立て等	法32、令24	3　歳計剰余金の処分　翌年度の歳入に編入または基金に編入	自治法233の2
		4　欠損金の処理　繰越利益剰余金等で補てんまたは繰越	法32の2	4　歳入不足　翌年度歳入の繰上充用	自治令166の2
4　年度		出納整理期間なし	法20	出納整理期間　翌年度の5月31日まで	自治法235の5
5　企業債		償還期限を定めない企業債を起こすことができる	法23	規定なし	
6　一時借入金		1年以内に限り借換ができる	法29Ⅱ、Ⅲ	翌年度借換ができない	自治法235の3Ⅲ
7　出納		出納機関　(イ)管理者、企業出納員、現金取扱員	法27、28	出納機関　(イ)会計管理者、出納員、その他の会計職員	自治法168、171
		(ロ)出納取扱金融機関（収納及び支払事務の一部を取扱う）収納取扱金融機関（収納事務の一部を取扱う）	法27I但書、令22の2	(ロ)指定金融機関　指定代理金融機関（指定金融機関が取り扱う収納及び支払事務の一部を取扱う）収納代理金融機関（指定金融機関が取り扱う収納事務の一部を取扱う）収納事務取扱金融機関（指定金融機関を指定していない市町村の会計管理者が取り扱う収納事務の一部を取扱う	自治法235、自治令168

8　計理状況の報告	毎月末日をもって作成、翌月20日までに地方公共団体の長に提出 提出書類、試算表	法31、 50 別記⑲	則 規定なし	

注）法＝地方公営企業法、令：地方公営企業法施行令、則：地方公営企業法施行規則

2）地方公営企業会計制度の見直し

地方公営企業会計制度については、総務省の「地方公営企業会計制度等研究会」の報告書（平成21年12月）を受け、企業会計原則の考え方を最大限取り入れる方向で、抜本的な見直しが行われることとなりました。

具体的な改正事項としては、「資本制度の見直し」、「地方公営企業会計基準の抜本改正」、「地方公営企業法の財務規定の適用範囲の拡大等」とされ、平成23年度以降、順次改正が行われています。

①　資本制度の見直し（平成24年度施行）

資本制度については、様々な見直しが平成24年度から行われました（図表56参照）。

具体的には、これまで、毎事業年度において利益が生じた場合においては、その利益でこれまでの欠損金を埋め、なお残額があるときは、その残額の20分の1以上を減債積立金又は利益積立金に積み立てなければならないとされていましたが、経営の自主性を高めるため、この積立義務が廃止され、利益の処分は条例又は議会の議決により可能となりました。

図表56　資本制度の見直し

	①利益の処分	②資本剰余金の処分	③資本金の減少
改正前	①1/20を下らない金額を減債積立金又は利益積立金として積立 ②残額は議会の議決により処分可	①原則不可 ②補助金等により取得した資産が滅失等した場合は可 ③利益をもって繰越欠損金を補填しきれなかった場合は可	不可
改　正	条例又は議決により可	条例又は議決により可	議決により可

また、これまで、資本剰余金の処分は原則認められていませんでした が、経営の自主性を高めるため、条例又は議会の議決により資本金に組み入れる等の処分を行うことが可能となりました。

さらに、これまで資本金の減少は認められていませんでしたが、今後事業の一部精算を行う場合も想定されることから、議会の議決により可能となりました。

② 地方公営企業会計基準の抜本改正（平成26年度予算・決算から適用）

借入資本金（建設・改良等の目的のために発行した企業債や他会計からの長期借入金に相当する額）については、これまで、地方公営企業会計では自己資本金と並んで資本金として計上されてきましたが、民間の企業会計と同様に負債として計上することとなりました（図表57参照）。

図表57 借入資本金の負債計上

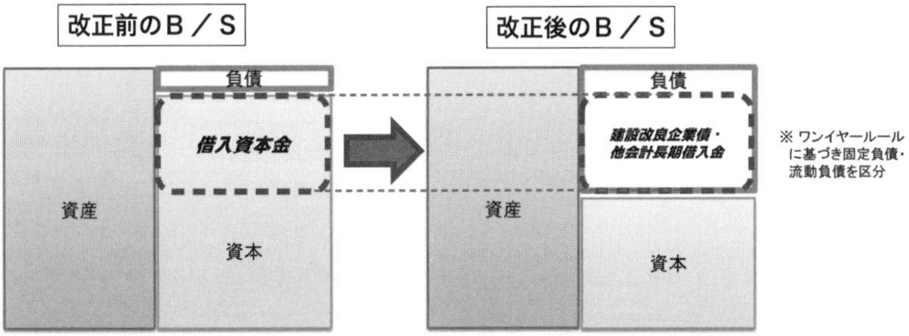

また、補助金等により取得した固定資産については、これまで、「みなし償却制度」が採用されてきました。「みなし償却制度」とは、補助金等により取得した固定資産については、固定資産の取得に要した価額から補助金等の金額を控除した金額を帳簿価額とみなして、各事業年度の減価償却を算出する制度です。しかしながら、こ

の制度では資産価値の実態を適切に表示していないことから、補助金等を資本剰余金ではなく、長期前受金として負債計上した上で、固定資産全部を償却の対象とするとともに、前受金の減価償却見合い分を順次収益化することとなりました（**図表58**参照）。

さらに、引当金については、これまで、退職給付引当金は任意となっていましたが、将来負担が確実に見込まれるものであるため、引当てを義務化することとするなど、見直しを行うこととなりました（**図表59**参照）。

併せて、以上をはじめとした地方公営企業会計基準の見直しに伴い、貸借対照表の勘定科目等について、所要の見直しを行うこととなりました（**図表60**参照）。

図表58　補助金等により取得した固定資産の償却制度の改正

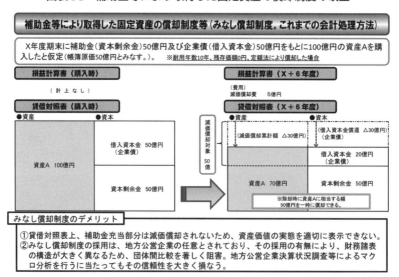

※定額法で、償却年数経過時点で残存価額0円となるように償却するとした場合の例であり、実際の処理では、実際に行っている減価償却方法に沿った処理が必要。

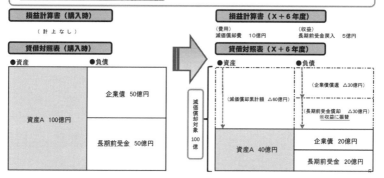

※定額法で、償却年数経過時点で残存価額0円となるように償却するとした場合の例であり、実際の処理では、実際に行っている減価償却方法に沿った処理が必要。

図表59 退職給付引当金の引当ての義務化等引当金の見直し

（引当金の見直し概要）
① 退職給付引当金の計上を義務化。
② 一般会計と地方公営企業会計の負担区分を明確にした上で、地方公営企業会計負担職員について引当てを義務付ける。
③ 計上不足額については、適用時点での一括計上を原則。ただし、その経営状況に応じ、当該地方公営企業職員の退職までの平均残余勤務年数の範囲内（ただし、最長15年以内とする。）での対応を可とする。
④ 退職給付引当金以外の引当金についても、引当金の要件を踏まえ、計上するものとする（例：賞与引当金、修繕引当金、特別修繕引当金、貸倒引当金）。
⑤ 引当金の要件を満たさないものは、計上を認めないこととする。

図表60　勘定科目等の見直し

（勘定科目等の見直し概要）
① 借入資本金：負債（企業債、他会計借入金）として計上するため廃止
② 繰延収益（「長期前受金」）：償却資産の取得に伴う補助金等を計上（減価償却に伴い収益化）
③ 引当金：退職給付引当金、賞与引当金、修繕引当金、特別修繕引当金等を計上
④ 繰延資産：事業法において計上を認められているもの以外は計上を認めない
⑤ 控除対象外消費税：引き続き繰延経理を認めることとし、「長期前払消費税」として固定資産計上
⑥ リース資産・債務：一定の基準に該当する場合、売買取引に係る方法に準じて会計処理　等

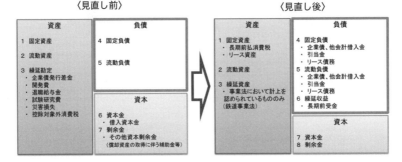

③　下水道事業への財務規定等の適用拡大

下水道事業への地方公営企業法の財務規定等の適用拡大については、これまでも大きな課題となってきましたが、下水道事業で適用している団体の割合は低いものにとどまっていました（図表61参照）。

図表61　地方公営企業法適用（財務適用等）事業数の推移

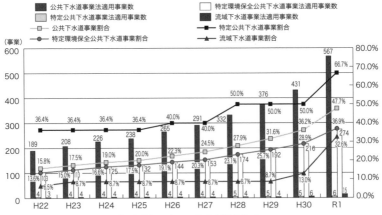

出典：R1地方公営企業年鑑（総務省）をもとに国土交通省作成

　このような状況の中、総務省の「地方公営企業法の適用に関する研究会」の報告書（平成26年3月）においては、特に経営管理の必要性の高まりが顕著な下水道事業・簡易水道事業は適用範囲の拡大の対象とすべきとされ、これを踏まえ、総務省からは、平成26年（2014年）8月に、公営企業会計の適用拡大に向けたロードマップが提示されました（図表62参照）。

第3章

下水道事業の経営手法

図表62　公営企業会計の適用拡大に向けたロードマップ

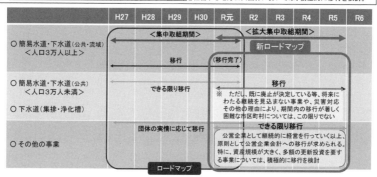

　ロードマップにおいては、下水道事業と簡易水道事業を適用拡大の重点事業に位置付け、人口3万人以上の団体については、平成27年度～令和元年度の集中取組期間内に、公営企業会計へ移行すること、人口3万人未満の団体についても、できる限り移行することとされました。

　さらに、平成31年1月には、総務省から通知が発出され、令和元年度から令和5年度までの5年間が「拡大集中取組期間」に位置

付けられました。下水道事業については、人口3万人未満の公共下水道及び特定環境保全公共下水道についても、遅くとも拡大集中取組期間内に公営企業会計に移行することが必要となりました。同様に、農業集落排水・浄化槽についても、人口規模にかかわらず、拡大集中取組期間内での公営企業会計への移行が必要とされました。

国土交通省では、令和2年度より社会資本整備総合交付金及び防災安全交付金の交付要件として、人口3万人未満の地方公共団体においては、令和6年度以降の予算・決算が公営企業会計に基づくものに移行していることとされました。

なお、一連の要請による公営企業会計移行に要する経費については、この期間に限り地方債の対象とするとともに、元利償還費に対する地方交付税措置が講じられることとなりました。

3) 地方公営企業法の適用（法適化）

地方公営企業法の適用（法適化）に向けた作業としては、①法適化基本方針の検討、②固定資産調査・評価、③法適化に伴う事務手続、④システム構築の四つの作業に分類することができ（図表63参照）、また、法適化に向けた標準的な作業スケジュールは図表64のようなものが考えられます。

なお、法適化に向けた作業については「下水道事業における公営企業会計導入の手引き（移行対応版）」（平成27年12月、日本下水道協会）があり、参照することをお奨めします。

図表63　法適化に向けた作業

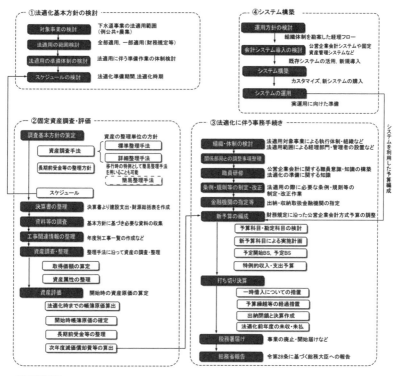

注）BS：貸借対照表
　　令：地方公営企業法施行令

図表64 法適化に向けた標準的な作業スケジュール

業務区分	2~4年前	1年前 4月〜3月	移行年度 4月5月6月
① 法適化基本方針の検討			
対象事業の検討	■		
法適用の範囲検討	■		
法適用の準備体制の検討	■		
スケジュールの検討	■		
②固定資産調査・評価			
調査基本方針の策定			
・資産調査手法	■		
・長期前受金等の整理方針	■		
・スケジュール	■		
決算書の整理	■		
資料等の調査	■■■	■	
工事関連情報の整理	■■■		
資産調査・整理			
・取得価額の算定	■■■	■	
・資産属性の整理	■■■		
資産評価			
・法適化時までの帳簿原価算出		■	
・開始時帳簿原価の確定			■
・長期前受金等の整理		■	
・次年度減価償却費等の算出		■	■
③法適化に伴う事務手続き			
組織・体制の検討		■	
関係部局との調整事項整理		■	
職員研修		■	
条例・規則等の制定・改正		■■■	
金融機関の指定等		■	
新予算の編成			
・予算科目・勘定科目の検討		■■	
・新予算科目による実施計画		■	
・予定開始BS、予定BS		■	
・特例的収入・支出予算		■	
打ち切り決算			
・一時借入についての措置		■	
・予算繰越等の経過措置		■	
・出納閉鎖と決算作成			■
・法適化前年度の未収・未払			■
税務署届け			
総務省報告		■	
④システム構築			
運用方針の検討		■	
会計システム導入の検討		■	
システム構築		■	
システム運用			■■

　法適化については、全部を適用する場合と、一部（財務規定等）を適用する場合（財務規定等の適用）があり、全部適用の場合と一部適用の場合の主な違い、事務執行体制の違いは、それぞれ**図表65**、**図表66**のとおりになっています。

　法適化に当たって作業上一番負担が大きいのは、公企業会計基準を適用するために、固定資産を調査・評価する作業ですので、ここでは、この作業について概要を説明することとします。

図表65　全部適用と一部適用の主な違い

項目	全部適用	一部適用
定義 （適用条項）	地方公営企業法の総則、雑則及び下記の条項に準じる。 ◆組織（第2章第7条〜第16条） ◆財務（第3章第17条〜第35条） ◆職員（第4章第36条〜第5章第39条の3）	地方公営企業法の総則、雑則及び下記の条項に準じる。 ◆財務（第3章第17条〜第35条）
財務規定	地方公営企業法の財務規定に準じて、一般行政と異なる会計方式（発生主義、複式簿記、損益取引と資本取引に分離した経理等）の採用により経営内容が明確となる。	全部適用の場合と同様である。
組織体制	◆原則として管理者を設置する。 ◆企業管理者は、会計事務・予算原案の作成・決算の調製・職員人事・契約等の地方公営企業における業務全般の権限を有し、議会の関与や長の指揮監督を必要最小限にとどめ、自らの判断と責任において事業体の運営ができ、企業としての独立性が確保できる。 ◆ただし、一部の権限（予算調製権、議案提出権、決算の審査、過料（罰の一種）を科す権限等）は長に留保される。 ◆企業の具体的な状況に応じて条例で定めることにより管理者を置かないことができる。その場合の管理者の権限は長が行う。	◆管理者の権限は長が行う。
職員の身分	◆企業職員として地方公営企業法及び地方公営企業労働関係法の適用を受ける。 ◆労働組合法、最低賃金法、労働基準法の一部が適用対象となる。 ◆政治的行為の制限がない。	◆一般行政職員と同様に地方公務員法の適用を受ける。 ◆政治的行為の制限がある。
経営上の特徴	◆議会の関与や長の指揮監督を最小限にとどめ、企業自らの判断と責任において機動的な経営が可能となる。	◆財務規定の適用により経理内容が明確となる。 ◆組織的には一般行政の一部であり責任及び権限は限られる。

図表66 事務執行体制の違い

項目	全部適用		一部適用	
	管理者設置	管理者非設置	会計管理者に事務委任しない	会計管理者に事務委任する
事務体制	首長	首長	首長	首長
	管理者			
	企業出納員	企業出納員	企業出納員	出納員
出納及び会計事務	企業出納員	企業出納員	企業出納員	会計管理者
予算調製	管理者が原案作成首長が調製	首長が調製	首長が調製	首長が調製
決算調製	管理者が調製	首長が調製	首長が調製	会計管理者が調製

　まず、固定資産については、「地方公営企業法の適用を受ける簡易水道事業等の勘定科目等について」（平成24年10月19日付総務省自治行政局公営企業課長通知）があり、この通知で定める勘定科目表に準じて区分することとされています（**図表67**参照）。

　固定資産を調査・評価するための手法については、いろいろな手法がありますが、実務上、「標準整理手法」という手法が多く活用されており、ここでは、その手法について概要を説明することとします（**図表68**参照）。

　標準整理手法における作業プロセスについては、調査基本方針の策定、決算書の整理、資産関連資料の収集、工事関連情報の整理、資産調査・整理、資産評価に区分されます（**図表69**参照）。

図表67　固定資産の区分表の例

区　　分			説　　明
有形固定資産	土地		事務所、施設用等のための用地等
		事務所用地	庁舎等専ら事務所のために用いる用地
		施設用地	管路、中継ポンプ場、処理場用地等施設のために用いる用地
		その他用地	倉庫等上記以外の用地
	建物		事務所、施設用等の建物であり、建物に付属する 電気、冷暖房、換気等の設備を含む
		事務所用建物	庁舎等専ら事務所の用に供されている建物
		施設用建物	ポンプ場、処理場等の施設用建物
		その他建物	倉庫等上記以外の用に供されている建物
	構築物		下水管路等土地に定着する土木施設及び工作物
		管路施設	排水用の管路、人孔、ます等の施設
		ポンプ場施設	下水をポンプにより揚水又は圧送するための施設
		処理場施設	下水処理のための施設
		その他構築物	上記以外の構築物
	機械及び装置		下水の排水、処理等の作業用の機械及び装置
		電気設備	下水設備の受配電設備、変圧器設備等
		ポンプ設備	ポンプ設備等
		処理機械設備	下水の処理に要する設備等
		その他機械装置	上記以外の機械及び装置
	車両運搬具		自動車、車両及びその他陸上運搬具
	工具、器具及び備品		機械及び装置の付属設備に含まれない工具、器具及び備品で、耐用年数1年以上かつ取得価額10万円以上のもの
	リース資産		リース契約の内容によってリース資産計上対象となったもの
	建設仮勘定		資産の取得を行ったが、未完成等により当該資産が供用されない場合など
	その他有形固定資産		上記以外の有形固定資産

注) 有形固定資産とは、営業の用に供する目的をもって所有する資産で、土地、建物、構築物、機械及び装置、車両運搬具、耐用年数1年以上かつ取得価額10万円以上の工具、器具及び備品等をいう。

区　　分		説　　明
無形固定資産	営業権	企業信用などにより超過収益力をもたらす権利
	借地権	借地借家法に規定する権利
	地上権	民法第265条に規定する権利
	特許権	特許法第66条に規定する権利
	ソフトウェア	その利用により将来の収益獲得等が確実であると認められるソフトウェアなど
	リース資産	無形固定資産に属するリース資産
	施設利用権	電気供給施設利用権、ガス供給施設利用権等
	流域下水道施設利用権	流域下水道建設に伴う費用を負担し、その施設を利用して公共下水道の排水を処理することができる権利
	その他無形固定資産	上記以外の無形固定資産
投資その他資産	水洗便所改造資金等貸付金	水洗便所改造及び宅地内排水設備工事費に対する長期貸付金
	出資金	外郭団体その他に出資した資金等
	基金	基金設置条例に基づき、特定預金等の形態で保有するもの
	その他資産	上記以外の投資

注) 無形固定資産とは、有償で取得した借地権及び地上権等をいい、有償で取得したものに限る。
投資とは、長期的な投資に該当するもの等をいう。

図表68　標準整理手法、簡易整理手法、詳細整理手法

項目	標準整理手法	標準整理手法 （下水道台帳等により実体資産との突合も行う場合）	詳細整理手法	※参考 簡易整理手法
概要	管路に関しては、工事毎に整理し、処理施設・設備等に関しては、主要機器構成で1資産とする。(1資産の内容を明確にする)雨水・汚水区分も明確化する。	管路に関しては、工事毎に整理し、処理施設・設備等に関しては、主要機器構成で1資産とする。(1資産の内容を明確にする)雨水・汚水区分も明確化する。 管路資産や処理場・ポンプ場等の施設資産について下水道台帳（システムOR紙）等により、実体資産との突合を行う。	管路に関しては、工事・管種口径別延長毎に整理し、処理施設・設備等に関しては、主要機器構成で1資産とする。(1資産の内容を明確にする)雨水・汚水区分も明確化する。 実体資産を管理するシステムデータを利用して、資産整理を実施する。なお、台帳システムがない場合は、台帳システムを構築することからはじめる。	勘定科目及び耐用年数の区分に沿った資産整理単位で調査・評価を実施する。
主要な調査資料	決算書、決算説明書、工事履歴、設計書、完成図書、下水道台帳、備品台帳、土地台帳、補助申請図書など	決算書、決算説明書、工事履歴、設計書、完成図書、下水道台帳、備品台帳、土地台帳、補助申請図書など	決算書、決算説明書、工事履歴、設計書、完成図書、下水道台帳、備品台帳、土地台帳、補助申請図書など	決算書、決算説明書、工事履歴、決算統計、施設工事設計書
資産整理単位	勘定科目＋工事毎＋施設構成	勘定科目＋工事毎＋施設構成	勘定科目＋工事毎管種口径別延長・設備機器単位	勘定科目
作業の難易度	資産が多種多様となるので、ある程度の専門知識が必要となる。	資産が多種多様となるので、ある程度の専門知識が必要となる。	資産調査に加えて台帳作成を行うために完成図書などを理解する知識が求められる。	工事台帳や設計書程度の資料を基に作業を行うので特に専門的な知識は必要としない。
作業期間（資産調査の作業期間）	やや長期 （1～2年）	長期 （2～3年）	長期 （約2～3年）	短期間 （約1年）
直営での作業の可能性	直営でもできるが組織体制を整える必要がある。日常業務への負担が大きい。	直営でもできるが組織体制を整える必要がある。日常業務への負担が大きい。	台帳作成に関する部分は委託する必要がある。	直営でもできる。委託した場合でも安価。
委託費	やや高め	高め （突合作業）	高め （＋台帳システム導入費）	安い
資産数	やや多	やや多	多	少
減価償却費・長期前受金戻入の観点	資産の括りが実体とある程度一致する考え方であるため、特に問題はない。長期前受金戻入についても、資産毎で整理するため問題はない。	左記同様	標準整理手法と同様	資産の括りが大きいため、実体とそぐわない。そのため、経理上の資産と実体資産が乖離していくことが考えられる。長期前受金戻入についても、同様である。
異動処理などの対応（除却など）	比較的簡単に除却資産の特定が行える。（工事情報などから）	台帳の情報を活用できるため、確実な除却資産特定が可能となる。	台帳システムの情報を活用できるため、確実な除却資産特定が可能となる。	除却資産の特定が難しい。
新規資産の登録などの運用	やや簡単	台帳等の新規情報構築の運用が必要。	台帳等の新規情報構築の運用が必要。	台帳等の新規情報構築運用が必要。 ※法適後の資産登録は、標準又は詳細整理手法による整理が必要。

項目	標準整理手法	標準整理手法 （下水道台帳等により実体 資産との突合も行う場合）	詳細整理手法	※参考 簡易整理手法
総括	処理場資産については、詳細整理手法と同等の考え方で整理するため資産の内容が明確となる。管きょについては、下水道台帳等により実体資産との突合を行わないため、除却資産の特定等において苦慮することが考えられる。なお、法適後に下水道台帳と突合をすることでも対応は可能。	処理場、管路ともに実体資産との突合せが行われているため、法適後に除却した固定資産を固定資産台帳から特定することが容易となり、固定資産台帳の管理において登録資産と実体資産の間で乖離が生じにくい。	処理場、管路ともに実体資産との突合せが行われているため、法適後における固定資産台帳の管理において登録資産と実体資産の間で乖離が生じにくい。また、管路の資産単位が管種口径別になっているため、アセットマネジメントへの活用も考えられる。ただし、法適後の固定資産台帳の管理が重要である。	調査・整理には時間とコストはかからないが、法適後の運用において、実体資産と固定資産の乖離が発生することが懸念される。

図表69　標準整理手法の作業プロセス

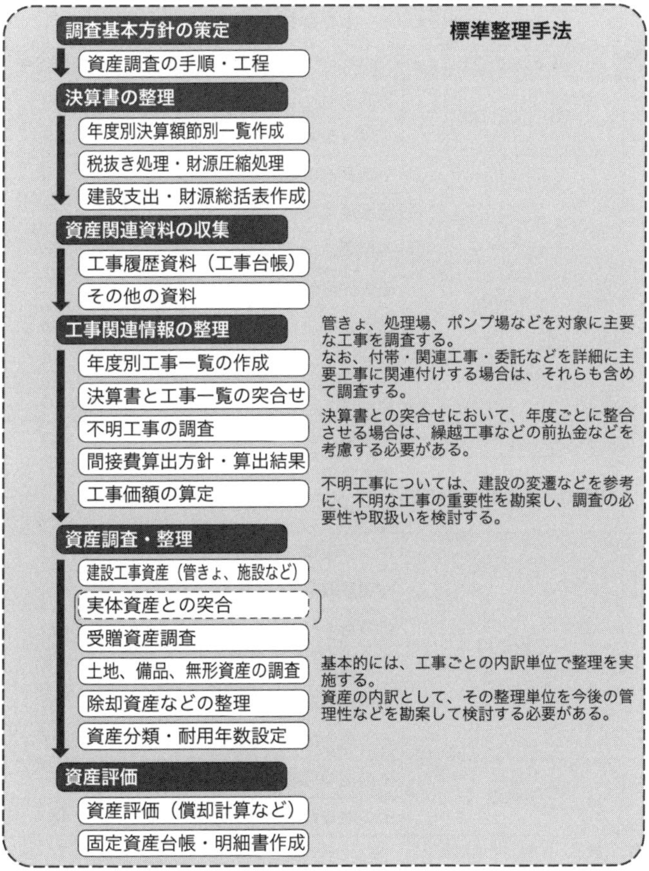

第3章

下水道事業の経営手法

　具体的には、まず、調査の手順・行程を定めた調査基本方針を策定しますが、一番問題となるのが、資産をどの単位で整理するか（どの単位で固定資産台帳を作るか）という問題です。適正な減価償却額を把握するためには、最低限、資産の耐用年数の異なる資産については分けて整理する必要があるほか（図表70参照）、後年度の資産の取替え時に円滑に固定資産台帳の修正が行えるように、資産を概ね取替え単位で整理すること（標準整理手法）が適切であると考えられます（図表71参照）。

図表70　法定耐用年数の例

種類	構造又は用途	細目	耐用年数	出典
建物	SRC又はRC	事務所用	50	規則
		工場（作業場を含む）又は倉庫用	38	
構築物	下水道用	下水道管きょ、人孔及び桝	50	通知
		阻水扉及び防潮扉	30	
		処理設備	50	
		処理設備附属管弁	35	
		送泥管	30	
		濾床	40	
		消化槽	40	
		ガス槽	30	
機械及び装置	水道用又は工業用水設備	電気設備（その他）	20	規則
		計測設備	10	
	下水道用	ポンプ設備	20	通知
		滅菌設備	10	
		計量器	15	
		荷役設備	17	
		処理機械設備	20	
		その他金属製のもの	17	
車両及び運搬具	自動車	その他の自動車－貨物自動車	5	規則
		その他の自動車－その他のもの	6	

注）出典欄、「規則」は施行規則別表第2、「通知」は総務省自治財務局公営企業課長通知別紙2を示す

図表71 標準整理手法における資産整理単位の例

固定資産科目	施設分類		資産整理単位
管きょ（構築物）	管きょ		工事単位
処理場・ポンプ場	建物	建築構造物	棟単位
		建築機械設備	同上
		建築電気設備	同上
	構築物	土木構造物	主要施設単位（例：初沈、反応タンク、終沈等）
		場内整備施設	主要施設単位（例：場内道路、雨水排水、植栽等）
	機械及び装置	機械設備	主要機器単位（ポンプ、ゲート等改築更新の取替単位）
		電気設備	主要機器単位（操作盤、発電機等改築更新の取替単位）
その他資産	土地、備品、車両運搬具		購入・購買資産や無形固定資産

　また、公営企業会計移行後に除却した固定資産を固定資産台帳から特定する容易さを考慮すると、公営企業会計移行時の資産整理時に下水道台帳等により実体資産との突合を図っておくことも考えられます（図表72参照）。ただし、実体資産との突合を行う場合は、固定資産調査期間が長期化（2～3年程度）することや、委託費が上昇することになることから、設計書等の保管状況を踏まえ、全ての固定資産に対して突合を図るのかを含め総合的に判断する必要があります。

　資産整理単位を確定したら、資産ごとに、取得価額（工事価額（税抜きの工事請負費・附帯工事費・間接費）を資産ごとに配分したもの）、財源等を把握するため、事業開始から現在までの決算書、決算説明書、決算統計、工事台帳、設計書、下水道台帳等を調査し、必要となるデータの収集・整理の上、資産の評価を行います（図表73参照）。関係資料で必要となるデータが得られない場合には、不明資産として建設年次を推定し、実績単価等を用いて取得価額を推定するなどの方法で対応します。

図表72 実体資産（下水道台帳図）との突合の例

予算科目	整理項目	工事番号	予算年度	補助区分	補助額の割合	工事名	請負金額（税抜き）	事務費（その他経費）	当該年度事務費総額按分配賦	過年度間接費の配賦	工事価額	補助金	負担金
工事請負費	1	H15-1	2003	補助	100%	A工区 管きょ補助工事	30,000,000	1,500,000	3,082,510	76,750	34,659,260	15,000,000	5,969,482
	2	H15-2	2003	単独		B工区 マンホールポンプ工事	15,000,000	750,000	1,541,260	38,370	17,329,630		2,830,243
	3	H15-3	2003	単独		C工区 管きょ単独工事	160,000,000	8,000,000	16,440,070	409,330	184,849,400		30,169,256
	4	H15-4	2003	補助	100%	D工区 管きょ補助工事	226,668,000	11,333,400	23,290,240	579,890	261,871,530	113,334,000	42,768,364
	5	H15-5	2003	単独		A工区 付帯工事	5,000,000	250,000	513,750	12,790	5,776,540		943,414
						小計	436,668,000	21,833,400	44,867,830	1,117,130	504,486,360	128,334,000	82,351,762
業務費	6	H15-6	2003	補助		浄化センター 機械設備補修工事（JS）	250,000,000	250,000		636,580	250,886,580	137,500,000	
	7	H15-7	2003	単独		実施設計委託	95,096,667	9,508,667	9,771,221	243,200	114,620,645		
						小計	345,096,667	9,758,667	9,771,221	882,870	365,510,423	137,500,000	
						合計	781,764,667	31,593,067	54,639,051	2,000,000	869,996,783	265,834,000	82,351,762

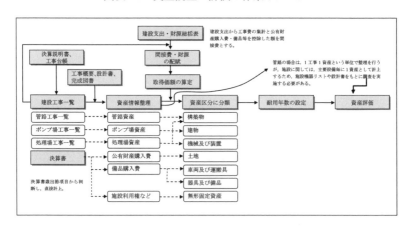

H15-1

マーキング ←

A工区 管きょ補助工事

工事設計図書の図面

下水道台帳図

図表73 資産調査・評価の作業イメージ

建設支出・財源総括表

建設支出から工事費の集計と公有財産購入費・備品等を控除した額を間接費とする。

決算説明書、工事台帳 → 工事概要、設計書、完成図書 → 間接費・財源の配賦 → 取得価額の算定

管路の場合は、1工事1資産という単位で整理を行うが、施設に関しては、主要設備毎に1資産として計上するため、施設機器リストや設計書をもとに調査を実施する必要がある。

建設工事一覧 → 資産情報整理 → 資産区分に分類 → 耐用年数の設定 → 資産評価

- 管路工事一覧 → 管路資産 ‑‑‑ 構築物
- ポンプ場工事一覧 → ポンプ場資産 ‑‑‑ 建物
- 処理場工事一覧 → 処理場資産 ‑‑‑ 機械及び装置
- 決算書 → 公有財産購入費 ‑‑‑ 土地
- 備品購入費 ‑‑‑ 車両及び運搬具
- 器具及び備品
- 施設利用権など ‑‑‑ 無形固定資産

決算書歳出項目から判断し、直接計上。

　法適用時点における資産の評価額（帳簿簿価）は、法適用直前日までの減価償却累計額を取得価額から差し引き、その残高が新取得価格（帳簿原価）として算出します（図表74参照）。

　なお、減価償却の方法については、資産の種類に応じて方法が決まっています。有形固定資産は、定額法と定率法によることとされていますが、多くは定額法によっています（図表75参照）。

図表74　固定資産の評価の例（管きょ、マンホールポンプ、処理場資産）

（管きょの例）工事番号「H15-1」（A工区　管きょ補助工事）　　　　　　　　　（単位：円）

資産名	取得価額 C	補助金 D	負担金 E	その他財源 B	耐用年数 F	償却率 G	減価償却費 H=C×0.9×G	経過年数 I	償却累計額 J=H×I	新取得価額 K=C-J	補助金（法適用時）L=D×K/C	負担金（法適用時）M=E×K/C
汚水管渠	40,435,800	15,000,000	6,603,899	0	50	0.02	727,844	4	2,911,376	37,524,424	13,920,001	6,128,419
計	40,435,800	15,000,000	6,603,899	0			727,844		2,911,376	37,524,424	13,920,001	6,128,419

（マンホールポンプの例）工事番号「H15-2」（B工区　マンホールポンプ工事）　　　　　　　　　（単位：円）

資産名	取得価額 C	補助金 D	負担金 E	その他財源 B	耐用年数 F	償却率 G	減価償却費 H=C×0.9×G	経過年数 I	償却累計額 J=H×I	新取得価額 K=C-J	補助金（法適用時）L=D×K/C	負担金（法適用時）M=E×K/C
水中ポンプ①	5,560,309	0	908,099	0	20	0.05	250,214	4	1,000,856	4,559,453	0	744,641
水中ポンプ②	5,560,309	0	908,099	0	20	0.05	250,214	4	1,000,856	4,559,453	0	744,641
ポンプ制御盤	3,706,873	0	605,400	0	20	0.05	166,809	4	667,236	3,039,637	0	496,428
引込開閉器盤	278,015	0	45,405	0	20	0.05	12,511	4	50,044	227,971	0	37,232
投込式水位計	556,031	0	90,810	0	15	0.066	33,028	4	132,112	423,919	0	69,234
遠方監視制御装置	1,668,093	0	272,430	0	20	0.05	75,064	4	300,256	1,367,837	0	223,393
計	17,329,630	0	2,830,243	0			787,840		3,151,360	14,178,270	0	2,315,569

（処理場の例）工事番号「H15-6」（浄化センター　機械設備工事（JS））　　　　　　　　　（単位：円）

資産名	取得価額 C	補助金 D	負担金 E	その他財源 B	耐用年数 F	償却率 G	減価償却費 H=C×0.9×G	経過年数 I	償却累計額 J=H×I	新取得価額 K=C-J	補助金（法適用時）L=D×K/C	負担金（法適用時）M=E×K/C
初沈流入可動堰	10,782,486	5,909,340			20	0.05	485,212	4	1,940,848	8,841,638	4,845,659	0
初沈汚泥掻寄機	15,789,656	8,653,519			20	0.05	710,535	4	2,842,140	12,947,516	7,095,885	0
初沈スカムスキマ	2,645,834	1,450,049			20	0.05	119,063	4	476,252	2,169,582	1,189,039	0
初沈汚泥引抜弁	765,775	419,683			20	0.05	34,460	4	137,840	627,935	344,140	0
初沈汚泥ポンプ	5,533,492	3,032,630			15	0.066	328,689	4	1,314,756	4,218,736	2,312,078	0
初沈搬入用チェーンブロック	372,219	203,994			20	0.05	16,750	4	67,000	305,219	167,275	0
その他の資産（省略）	215,000,118	117,830,785			20	0.05	9,675,005	4	38,700,020	176,300,098	96,621,244	0
計	250,889,580	137,500,000					11,369,714		45,478,856	205,410,724	112,575,320	0

図表75 減価償却の方法

固定資産	償却方法	備考
有形固定資産	定額法、定率法	
無形固定資産	定額法	
取替資産	取替法	水道事業における量水器など
投資	対象外	

注) 有形固定資産のうち、土地、立木、建設仮勘定は減価償却対象外資産である。

〈定額法〉

定額法は、取得価額から残存価額を控除した額に償却率を乗じて算出した額を減価償却費とする方法である。

特徴としては、減価償却費が毎事業年度同額となることにより、価値減耗が利用度に伴う機能低下よりも時間の経過に伴って平均的に減少する、建物や構築物に適合するといわれている。

減価償却費＝(取得価額－残存価額(概ね10%))×償却率

償却率：地方公営企業法施行規則別表第4号

〈定率法〉

定率法は、帳簿価額（取得価額－減価償却累計額）に償却率を乗じて減価償却費を算出する方法である。

特徴としては、資産の使用開始当初の減価償却費が多額となり、漸近減少していくことにより、車両運搬具や機械器具のような、価値減耗が主として機能的減少によるものに適合するといわれている。

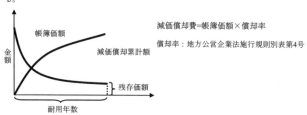

減価償却費＝帳簿価額×償却率

償却率：地方公営企業法施行規則別表第4号

4）地方公共団体財政健全化法

　下水道事業の特別会計を含め地方公共団体の全ての会計を対象に、地方公共団体の財政の健全化を図るための法制度として、「地方公共団体の財政の健全化に関する法律」（平成21年4月施行）があります。

　同法では、財政の健全性に関する指標の公表を義務付け、当該指標に応じて地方公共団体が財政の健全化や再生のための計画を策定する制度を設けています。

　財政の健全性に関する指標としては、①実質赤字比率（一般会計等を対象とした実質赤字の標準財政規模に対する比率）、②連結実質赤字比率（公営企業等の特別会計を含め全ての会計を対象とした実質赤字の標準財政規模に対する比率）、③実質公債費比率（一般会計等が負担する元利償還金等の標準財政規模等に対する比率）、④将来負担比率（一般会計等が将来負担すべき実質的な負債の標準財政規模等に対する比率）があり、また、公営企業の経営の健全性に関する指標として、⑤資金不足比率（資金不足額の事業規模に対する比率）があります（図表76参照）。

　各指標のいずれかの健全性が、早期健全化基準以上財政再生基準未満となった場合には、財政健全化計画の策定等が、財政再生基準以上となった場合には、財政再生計画の策定等が義務付けられることになります（図表77参照）。

　なお、⑤資金不足比率については、下水道事業は、事業の性質上、構造的に資金不足が生じるものであるため、将来解消が見込まれる「解消可能資金不足額」を資金不足額から控除することとされています（図表78参照）。

第3章
下水道事業の経営手法

図表76　地方財政の健全性に関する指標

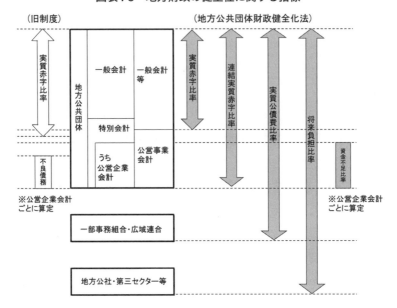

図表77　地方財政の健全性に関する指標に対応した措置

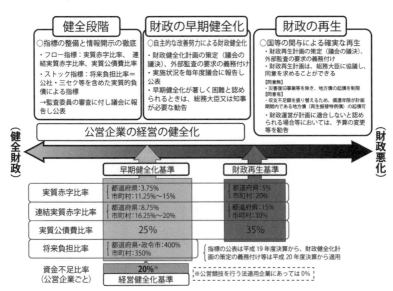

図表78　解消可能資金不足額の算定方法

省令第6条第1項： 以下のいずれかの算定方法により算定した額

□ **累積償還・償却差額算定方式**
　【対象】公営企業全事業
　　減価償却費を上回って元金償還費が発生することによる差額を算定（ただし、資本費平準化債発行済額は控除）。元金償還金への一般会計繰入を勘案。

□ **減価償却前経常利益による耐用年数以内負債償還可能額算定方式**
　　残存償却期間内の減価償却前経常利益をもって解消可能な流動負債の額を算出。残存償却期間は事業別・類型別に一定の年数を用いる。

□ **個別計画策定算定方式**
　　地方公共団体において経営計画を策定して供用開始後15年以内に減価償却前経常利益が見込まれる公営企業について、経営計画上の資金不足額を解消可能資金不足額とする。ただし、供用開始後15年以内における資金不足額が元利償還金の2.5倍を超える場合は、超える割合により割落とする。

　▶ **基礎控除額算定方式**（個別計画策定算定方式に代えて用いることも可）
　　過去の実例等から将来解消が見込まれるものとして基礎控除する額を設定。具体的には、累積償還償却差額に加え、未利用施設に係る利払いの累計額を解消可能資金不足額とする。

合算

省令第6条第2項
： 以下の地方債の現在高
（ただし、いずれも建設改良費等以外の経費に係る地方債）

・ 経常利益がある法適用企業（又は、経常利益に相当する額がある法非適用企業）が起こした地方債

・ 法令の規定により総務大臣又は都道府県知事の同意又は許可を得て起こした地方債

5）下水道事業と消費税

① 課税取扱い

　下水道事業は、民間企業と同様に原則課税であり、下水道事業が事業として対価を得て行うサービスの提供等が課税対象とされます。

　課税されないものについては、そもそもサービスの提供等に該当しないため課税の対象外となるもの（不課税）と、サービスの提供等には該当するが消費税の性格又は政策的配慮により法律に基づき課税対象外とされているもの（非課税）があります。

　下水道事業の主要な項目で見ると、以下のとおりです。

　イ）下水道使用料収入：課税

　ロ）受託事業収入：課税

　ハ）土地の譲渡・貸付：非課税

　ニ）補助金、借入金、出資金：不課税

　ホ）他会計繰入金：概ね不課税

　ヘ）減価償却費：不課税

ト）元金償還費：不課税

チ）支払利息：概ね非課税

② 納税免除、簡易課税

納税期間の前々年度（基準期間）の課税売上（税抜）が1,000万円以下の事業者は納税義務が免除されます。ただし、免税業者になると税の還付が受けられませんので、納税事業者になることもできます。

また、基準期間の課税売上（税抜）が5,000万円以下の事業者は、課税仕入を課税売上の一定比率とみなした簡易な納税計算（簡易課税）を採用することができます。下水道事業における一定比率（みなし仕入れ率）は70％とされています。

③ 納税額の計算

課税事業者である公営企業が消費税の納付税額を計算する際には、二重課税を排除するため、売上げに係る消費税額から、仕入れに係る消費税額を控除することができます。なお、この場合、上記の簡易課税を採用する場合には、その方式によるので、仕入れ税額控除の方法によることはありません。

納税額は、以下の算定式により算出され、納税額がマイナスとなった場合には、還付金を受けることになります。

納税額＝課税売上に係る消費税額－（課税仕入れに係る消費税額
　　　　－非課税売上のための仕入れ税額(a)－特定収入に係る
　　　　課税仕入れに係る税額(b)）

注）・(a)は、課税売上高が5億円を超えるとき、又は課税売上割合（課税売上÷（課税売上＋非課税売上））が、95％未満の場合に算入されます。下水道事業の場合、非課税売上げは土地の売却収入や受取利息等です。

・(b)は、特定収入割合（特定収入÷（課税売上＋非課税売上＋特定収入））が5%を超える場合に算入されます。なお、特定収入とは、一般会計繰入金等の不課税収入のうち、借入金、出資金等を除いたものであり、また、一般会計等から減価償却費を対象とする補助金を収受する場合の当該補助金は、特定支出のためにのみ使用される特定収入以外の収入として取扱われます。地方公営企業法の財務条項等が適用になり、官公庁会計から公営企業会計に移行した場合には、減価償却費が発生しますので取扱いに留意する必要があります。下水道事業の場合、特定収入が相当な部分を占めるので、算入されることが一般的です。

なお、消費税の確定申告・納税期限は、通常、課税期間の末日の翌日から2か月以内とされていますが、地方公共団体の特別会計については、首長への決算報告時期との関係から地方公営企業法の財務規定等を適用している場合は課税期間終了後3か月以内、非適用の場合は課税期間終了後6か月以内となっています。

5　下水道事業の包括的民間委託

1）管路、処理場の維持管理の状況

下水道の管路や処理場の維持管理については、一般的に民間等へ委託することが多くなっています。「管路」の「清掃」・「調査」・「修繕」又は「処理場」の「場内ポンプ」、「水処理施設」、「汚泥処理施設」の運転管理のどれをとってみても、圧倒的な割合で民間等への委託が活用されています（図表79参照）。

図表79 管路、処理場の委託状況（令和元年度）

〇施設・作業別委託件数

（単位：件）

委託状況等	管路				処理場運転管理			
	清掃	調査	修繕	管路計	場内ポンプ	水処理	汚泥処理	処理場運転管理計
全部委託	1,775	1,465	1,746	4,986	1,813	1,985	2,005	5,803
一部委託	209	434	145	788	59	73	49	181
委託小計	1,984	1,899	1,891	5,774	1,872	2,058	2,054	5,984
直営	136	251	175	562	87	84	31	202
合計	2,120	2,150	2,066	6,336	1,959	2,142	2,085	6,186
直営比率	6.4%	11.7%	8.5%	8.9%	4.4%	3.9%	1.5%	3.3%

※管路は団体数、処理場は施設数である。
　委託状況の全部及び一部には、公社委託を含む。
　令和元年度下水道統計より作成。

2）処理場の維持管理の包括的民間委託

　処理場の維持管理は、上に述べたとおり、件数で約97％が民間等へ委託されている状況にありますが、これまでは一般的に、運転管理のやり方等について発注者が事前に様々な仕様を設定し発注する「仕様発注」で行っていたり、契約期間も1会計年度内に限定されていたりする「単年度契約」が一般的であったため、業務の効率化・コスト縮減が図りにくいのではないかとの指摘がされるようになりました。

　このようなことから、仕様発注・単年度契約でなく、性能発注（性能の例：処理場から放流される水の水質基準の遵守）や複数年契約を基本とした「包括的民間委託方式」の導入が進められています。国土交通省においては、地方公共団体に対して、「下水処理場等の維持管理における包括的民間委託の推進について」（平成16年3月30日）、「下水処理場等の維持管理に関する技術基準の維持向上等について」（平成17年3月31日）の通知が出されており、包括的民間委託の実施上の留意点等を周知しています。

　また、包括的民間委託の導入や運用に関するガイドラインとして

は、包括的民間委託の新規導入や2期目以降の契約更新に係る考え方や留意点、事例などを記載した「処理場等包括的民間委託導入ガイドライン」（平成20年6月策定、令和2年6月改正、いずれも日本下水道協会）がありますので、参照してください。

　処理場の包括的民間委託については、性能発注・複数年契約というほかは、画一的な内容が決まっているのではなく、受託者側の裁量の程度等により様々なレベルが考えられます。上記の通達（「下水処理場等の維持管理に関する技術基準の維持向上等について」）では、レベル1（運転管理の性能発注）、レベル2（運転管理とユーティリティ管理を併せた性能発注）、レベル3（レベル2に加え、補修を併せた性能発注）の3つの段階に分けて、発注者・受注者双方の業務の具体的な内容を示しています（図表80参照）。

図表80　処理場の包括的民間委託のレベル

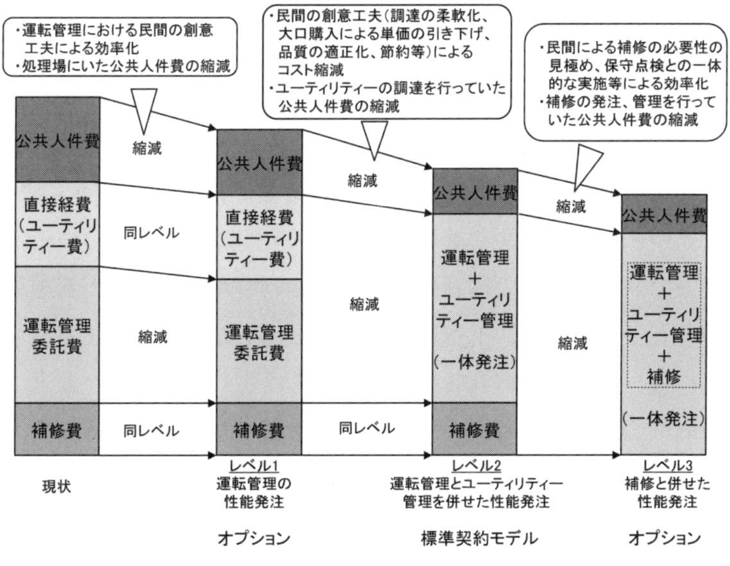

※ユーティリティとは電気、ガス等の光熱水料及び薬品等である。
注）既に十分な創意工夫が行われ、効率的な維持管理が行われている場合にはコストメリットが発揮されないこともあり、導入前にコスト縮減が可能かどうか見極めることが重要である。

　処理場の包括的民間委託の導入状況は、令和3年度には全国272の地方公共団体の551箇所（全国2,199箇所の処理場のうち、約25%に相当）になっています。なお、令和元年度下水道統計における委託レベル、契約年数別の状況は図表81のとおりです。

図表81　処理場の包括的民間委託の導入状況（委託レベル別、契約年数別）

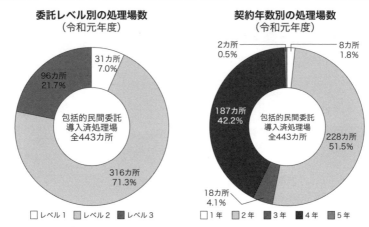

委託レベル別の処理場数
（令和元年度）

31カ所　7.0%
96カ所　21.7%
包括的民間委託導入済処理場　全443カ所
316カ所　71.3%

□レベル1　□レベル2　■レベル3

契約年数別の処理場数
（令和元年度）

2カ所　0.5%
8カ所　1.8%
187カ所　42.2%
包括的民間委託導入済処理場　全443カ所
228カ所　51.5%
18カ所　4.1%

□1年　□2年　■3年　■4年　■5年

注：契約年数2.2年（1カ所）は2年に、同3.25年（2カ所）は3年に、同4.25年（1カ所）は4年に、同4.5年（1カ所）は5年にそれぞれ含めて計算している。

出典：令和元年度下水道統計

　なお、民間委託に当たっては、履行監視や評価を適切に行うことが重要です。「H28処理場包括委託に係るアンケート調査」では、履行監視・評価の方法や基準が不十分・不明瞭である等の技術課題や地方公共団体内での体制確保が困難といった人員体制の課題が浮き彫りとなりました。下水道管理者は、包括的民間委託を実施する場合にも、事業の最終責任を負うことには変わりはなく、要求水準の達成や施設機能の確保のため、業務内容の履行監視・評価を実施する必要があります。「処理場等包括的民間委託の履行監視・評価に関するガイドライン」（平成30年12月、日本下水道協会）において、履行監視及び評価の基本的な考え方、手順及び方法を示していますので、参照してください。

3）管路の維持管理の包括的民間委託

　下水道の管路の延長は、約49万kmであり、そのうち建設後50年以上が経過する管路施設は全国で約2.5万kmとなっています。管路施設は全国的に高度成長期以降に急速な整備が行われたことから、今後、老朽化施設の急増が見込まれ、適切な維持管理を行っていくことが大きな課題です（図表82参照）。また、管路に起因する道路陥没件数は、近年およそ4,000～6,000件で推移しており、その対策についても急務となっています。

図表82　管路施設の布設年度別整備延長

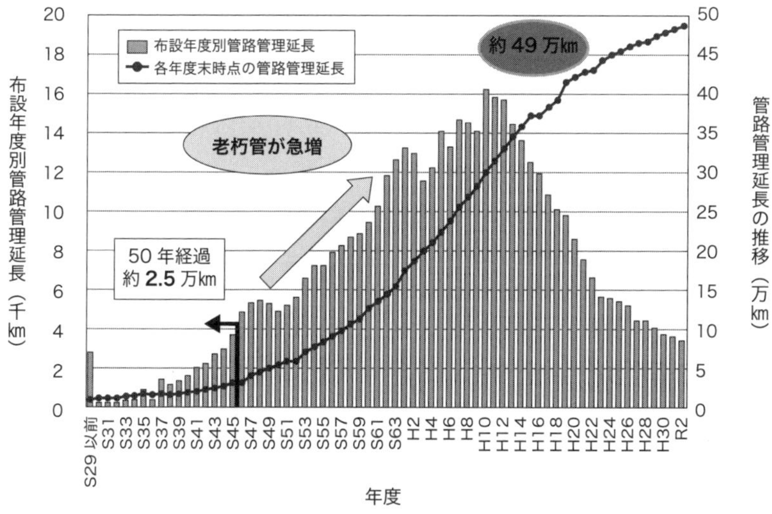

	10年後（R12）	20年後（R22）
50年経過	約8.2万km	約19万km

　このような状況の中で、将来増加するおそれのある下水道施設の機能停止や事故の発生、それに伴う改修費の増加等を予防・抑制するためには、事故が起こってから対応する「事後対応型維持管理」に代えて、事前に計画的に維持管理を図っていく「予防保全型維持管理」への転換を図ることが必要となってきています。

　このため、平成27年の下水道法の改正では、

・公共下水道管理者、流域下水道管理者は、公共下水道、流域下
　水道を良好な状態に保つように維持、修繕しなければならない
　こととするとともに、維持、修繕に関する技術上の基準（点検、
　災害時の応急措置に関する基準を含む。）等は政令で定めること
　する

・事業計画の記載事項に排水施設の点検の方法・頻度を追加し、こ

図表83　予防保全型と事後対応型の管路施設の維持管理費の推移イメージ

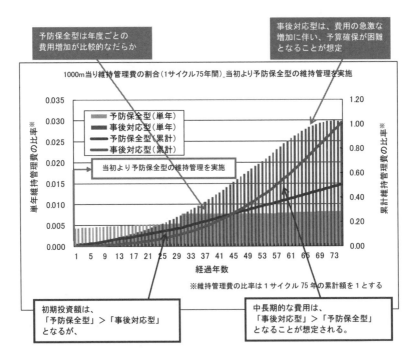

注）図は、「下水道維持管理指針　前篇　2003年版　（社）日本下水道協会」に示される点検、
　　調査等の頻度を参考として予防保全型の維持管理費をシミュレーションしたもの。なお、維
　　持管理費単価は、人口規模100千人程度の自治体実績や、「管路施設の計画的維持管理と財
　　政的効果に関する調査報告書　平成7年3月　建設省都市局下水道部」等を用いた。
出典：「下水道管路施設の管理業務における包括的民間委託導入ガイドライン」（平成26年6月）

れらが上記の技術上の基準に適合していなければならないことと
する

といった見直しが行われ、予防保全型維持管理を図るための必要最
低限の制度が構築されました。

　このような必要最低限の取組に加え、さらにライフサイクルコス
トの一層の逓減を図るストックマネジメント（**図表83**参照）を推
進していくためには、所要の維持管理費を確保しつつ、維持管理を
より効率的に行えるような仕組みを導入していくことが重要になり
ます。

　この点に関して、管路の維持管理の包括的民間委託は、これまで
直営又は個別に委託していた管路の維持管理業務をできるだけまと
めて、民間事業者に創意工夫を発揮できる形で（究極的には性能発
注）、複数年契約により、民間に委託するものであり、効率的に予
防保全の取組を進める上で有力なツールになると考えられます（**図
表84**、**図表85**参照）。

図表84　管路施設の包括的民間委託における標準的なパッケージ対象業務

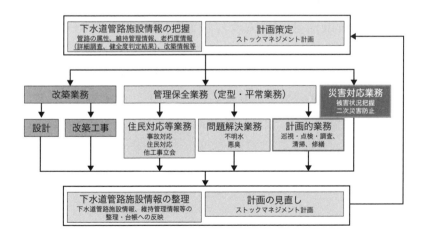

図表85 管路施設の包括的民間委託における標準的なパッケージ・フロー

業務項目			千葉県	東京都青梅市	大阪府堺市	千葉県柏市
管理保全業務	計画的業務	巡視・点検業務	○	○	○	○
		調査業務		○	○	○
		清掃業務		○	○	○
		修繕業務	○	○	○	
		維持管理情報の管理		○	○	○
		次年度維持管理業務の提案		○		○
		維持管理計画の見直し		○		○
	問題解決業務	不明水対策				
		悪臭対策				
	住民対応等業務	事故対応		○	○	
		住民対応		○	○	
		他工事等立会			○	
災害対応業務		被災状況等把握等	○		○	
		二次災害防止等緊急措置・対応			○	
改築業務		改築に係る設計業務				○
		改築工事				○

　管路施設の維持管理の包括的民間委託については、令和3年4月時点で、33の地方公共団体で45件の契約が締結されていますが、処理場包括的民間委託と比較すると事例が限られているのが現状です。国土交通省としては、包括的民間委託導入の基本的な考え方や検討すべき留意事項等について整理した「下水道管路施設の管理業務における包括的民間委託導入ガイドライン」（平成26年6月策定、令和2年3月改正）や、「下水道管路施設の管理業務における包括的民間委託導入事例集」（平成29年3月）を取りまとめ、地方公共団体に対して啓発普及を図っています。

6 下水道事業のPPP／PFI

1）下水道事業におけるPPP／PFI事業の導入状況

　PPP（Public Private Partnership）とは、公共サービスの提供に民間が参画する手法を幅広く捉えた概念で、民間資本や民間のノウハウを活用し、効率化や公共サービスの向上を目指すものです。

　下水道事業については、概ね、「直営」以外の「仕様発注」、「包括的民間委託」、「DBO」、「PFI（従来型）」、「PFI（コンセッション方式）」、「民間収益施設併設／公的不動産有効活用」が考えられます（図表86参照）。

図表86　PPP／PFIをめぐる用語の定義

用　語	定　義
直営	管理者が自らの職員により下水道施設の運営や業務を行う方式
仕様発注	個々の管理業務ごとに詳細な仕様を策定し、業務ごとに発注する方式
包括的民間委託	個々の管理業務をできるだけまとめ、仕様を性能規定化した上で、複数年契約で発注する方式（詳細は「5　下水道事業の包括的民間委託」を参照）
DBO	公共が資金調達し、設計・建設、運営を民間が一体的に実施する方式
PFI（従来型）	民間が資金調達し、設計・建設、運営を民間が一体的に実施する方式（コンセッション方式を除く）
PFI（コンセッション方式）	施設の所有権は民間事業者に移転せず、民間事業者には公共施設等運営権を付与し、運営権により、運営権者は利用者から収受する利用料金に基づき事業を運営する方式（平成23年5月に成立した改正PFI法で制度が整備されたもの）
民間収益施設併設／公的不動産有効活用	収益施設を併設したり、既存の収益施設を活用する等、事業収入等により費用を回収する事業、副産物の活用等付加価値を創出し施設のバリューアップを図る事業（民間収益施設併設事業）、又は、公的不動産の利活用について、民間からの自由な提案を募ることで、財政負担を最小に抑え、公共目的を最大限達成することを目指した事業（公的不動産有効活用事業）

　下水道事業におけるPPP／PFIの導入状況については、処理施設の管理は9割以上が民間委託され、包括的民間委託も500件を超える規模になってきていることは既に言及しましたが、DBOが23の地方公共団体で26件、PFI(従来型)も7団体で10件が導入済です。DBOの多くは、汚泥処理に関連した下水汚泥の固形燃料化施設の整備を行うものです。また、PFI（従来型）も、下水汚泥の消化ガスを活用した発電施設の整備事業などが多くみられます。このように既に多様な形態のPPP／PFIが活用されています（図表87～89参照）。

図表87　下水道事業におけるPPP／PFI事業の導入状況

○下水処理場の管理（機械の点検・操作等）については**9割以上が民間委託を導入済。**
○このうち、施設の巡視・点検・調査・清掃・修繕、運転管理・薬品燃料調達・修繕などを一括して複数年にわたり民間に委ねる**包括的民間委託は処理施設で551施設、管路で45契約導入されており、近年増加中。**
○下水汚泥を利用してガス発電や固形燃料化を行う事業を中心に**PFI（従来型）・DBO方式は38施設で実施中。**
○PFI（コンセッション方式）については、**平成30年4月に浜松市で、令和2年4月に須崎市でそれぞれ事業が開始された。**また、令和3年3月に宮城県が優先交渉権者を選定、同年7月に神奈川県三浦市が事業者選定手続きを開始し、それぞれ事業開始に向けて手続きを進めている。

(R3.4時点で実施中のもの。国土交通省調査による)
(＊R1総務省「地方公営企業決算状況調査」による。R2.3.31時点)

※1団体で複数の施設を対象としたPPP/PFI事業を行う場合があるため、必ずしも団体数の合計は一致しない

下水道施設		下水処理場 (全国2,199箇所＊)	ポンプ場 (全国6,090箇所＊)	管路施設 (全国約48万km＊)	全体 (全国1,471団体)
	包括的民間委託	551箇所 (272団体)	1029箇所 (180団体)	45契約 (33団体)	(286団体)
	指定管理者制度	62箇所 (20団体)	92箇所 (10団体)	33契約 (11団体)	(20団体)
	DBO方式	26契約 (23団体)	1契約 (1団体)	0契約 (0団体)	(24団体)
	PFI (従来型)	10契約 (7団体)	0契約 (0団体)	1契約 (1団体)	(8団体)
	PFI (コンセッション方式)	2契約 (2団体)	1契約 (1団体)	1契約 (1団体)	(2団体)

出典：国土交通省作成資料

図表88 下水道事業におけるPPP／PFI事業の導入事例（コンセッション方式を除く）

PFI事業	民間収益施設併設・公的不動産有効活用事業	
下水汚泥の有効利用	収益施設の併設・土地活用	処理場上部空間・バイオガスの有効利用

大阪市 平野下水処理場	東京都芝浦水再生センター	神戸市 垂水処理場
汚泥固形燃料化プラントPFI事業 （H26.4 事業開始） <事業費 約180億円> ○民間企業が汚泥燃料化設備の設計・建設・維持管理を行い、炭化燃料化物を電力会社に販売。	雨水貯留施設と民間商業ビルの合築 （H27.2 ビル竣工） <借地権30年 約860億円> ○東京都は、下水処理場の敷地の借地権を民間企業に譲渡し、その対価として商業ビルのオフィス床を取得。 ○そのオフィス床を貸し付け、長期安定収益を確保。	メガソーラーとバイオガスのダブル発電 （H26.3 売電開始） <年間売電収入 約1億7,000万円> ※上記の2割が市の収入。 ○神戸市は、民間企業に下水処理場の敷地、消化ガスを提供。 ○民間企業は発電事業を行い、売電収入の一部を市に支払い。

図表89 下水道事業におけるPFI事業の導入箇所

地方公共団体	事業名	事業方式	供用開始	事業期間	事業費	SPC	有効利用先
東京都区部	森ヶ崎水再生センター常用発電設備整備事業	BTO	H16.4	H36.3まで（20年間）	約138億円	森ヶ崎エナジーサービス㈱ ・東京電力㈱ ・三菱商事㈱	・施設用電力 ・汚泥消化槽用温水
神奈川県横浜市	北部汚泥資源化センター消化ガス発電設備整備事業	BTO	H21.12	H42.3まで（20年間）	約83億円	㈱bay eggs ・JFEエンジニアリング㈱ ・㈱東芝	・施設用電力 ・汚泥消化槽用温水
	南部汚泥資源化センター下水汚泥燃料化事業	BTO	H28.4予定	H48.3まで（20年間）	約149億円	㈱バイオコール横浜南部 ・電源開発㈱ ・月島機械㈱ ・月島テクノメンテサービス㈱ ・バイオコールプラントサービス㈱	・石炭火力発電所 ・セメント工場（石炭代替燃料）
富山県黒部市	下水道バイオマスエネルギー利活用施設整備運営事業	BTO	H23.5	H38.4まで（15年間）	約36億円	黒部Eサービス㈱ ・荏原エンジニアリングサービス㈱ ・㈱荏原製作所 ・荏原環境エンジニアリング㈱	・県外電力会社（発電代替燃料） ・県内の花の農場（培養土原料）

地方公共団体	事業名	事業方式	供用開始	事業期間	事業費	SPC	有効利用先
大阪府大阪市	津守下水処理場消化ガス発電設備整備事業	BTO	H19.9	H39.3まで（20年間）	約49億円	大阪バイオエナジー㈱ ・関西電力㈱ ・メタウォーター㈱ ・㈱関電エネルギーソリューション ・メタウォーターサービス㈱ ・日立造船㈱	・施設用電力 ・汚泥消化槽用温水
	平野下水処理場汚泥固形燃料化事業	BTO	H26.4	H46.3まで（20年間）	約177億円	㈱バイオコール大阪平野 ・電源開発㈱ ・月島機械㈱ ・バイオコールプラントサービス㈱	・石炭火力発電所（石炭代替燃料）

2）コンセッション方式の導入方針

　政府においては、平成25年度、「日本再興戦略」（平成25年6月14日、閣議決定）において、今後10年間（平成25～34年）で12兆円規模のPPP／PFI事業を重点的に推進することとしたアクションプランを実施することとし、下水道事業については、コンセッション方式の積極的な導入等を推進することとされました。

　コンセッション方式は、PFI法に定める公共施設等運営事業を指し、利用料金の徴収を行う公共施設等について、施設の所有権を地方公共団体が有したまま、運営権を民間事業者に設定する方式のことをいいます。コンセッション事業者（公共施設等運営権者）は、国が地方公共団体に交付する交付金等による、地方公共団体からの負担金なども財源としつつ、原則として利用者から収受する下水道利用料金により事業を運営することが求められます。この点が、包括的民間委託や従来型のPFI事業では、行政が支払う委託料やサービス購入料が民間事業者の収入となる点と大きく異なります。コンセッション方式の活用により、企画調整、維持管理、更新工事等に係る運営権者のノウハウを有効活用するとともに、資金調達や事業実施に係るリスクを一層民間に移転することが可能となり、これに

よる事業効率化、料金負担抑制、事業の持続性向上が期待されています（**図表90**参照）。

図表90　コンセッション方式の概要

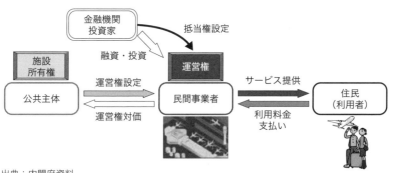

出典：内閣府資料

　平成26年度においては、「「日本再興戦略」改訂2014」（平成26年6月24日、閣議決定）において、コンセッション方式を活用したPFI事業については、令和4年（2022年）までの10年間で2〜3兆円としている目標を平成28年度末までの集中強化期間に前倒すこととされました。さらに、平成28年（2016年）5月20日に、PFI推進会議において、令和4年度までのコンセッション方式以外のPFI事業を含めた事業規模目標を21兆円へ見直す「PPP／PFI推進アクションプラン」の改訂が行われました。

　結果的に、平成25年度から令和元年度末までの事業規模の実績はコンセッション方式以外の事業類型を含めて約23.9兆円となり、令和4年度までに21兆円、という当初目標を3年前倒しで達成しました。令和4年6月に内閣府から発表された「PPP／PFI推進アクションプラン（令和4年改定版）」では、令和4年度以降の新たな目標として、令和13年度までの10年で30兆円が設定されました。また、新たに重点分野として、スタジアム・アリーナ等、文化・社会教育施設、大学施設、公園が設定されたほか、小規模自治体での

PPP ／ PFI活用促進、民間提案制度の実効性向上などを目指すこととされ、令和4年度からの5年間が「重点実行期間」に指定されました。また、アクションプランでは、コンセッション方式の導入に関する重点分野を導入件数の目標とともに指定しており、下水道事業も含まれます。具体的には、下水道事業では、令和8年度までに6件のコンセッション方式の具体化を目標とすることが、令和4年6月のアクションプランにおいて示されました。

国土交通省では、「下水道事業における公共施設等運営事業等の実施に関するガイドライン」（平成26年3月策定、平成31年3月改定、令和4年3月再改定、国土交通省）を策定し、下水道事業でのコンセッション方式の導入に関する指針を示していますので、詳細はガイドラインを参照してください。

3）コンセッション方式を導入するに当たっての基本的な考え方

① 管理者と運営権者の責任区分

コンセッション方式を導入するに当たっては、下水道管理者と運営権者のそれぞれの責任関係がどのようになっているかを確認しておくことが重要となります。まず、基本的な事業スキームとしては、下水道管理者と運営権者が運営権実施契約を締結して事業が行われることとなります（図表91参照）。

図表91　ガイドラインが想定する事業スキーム

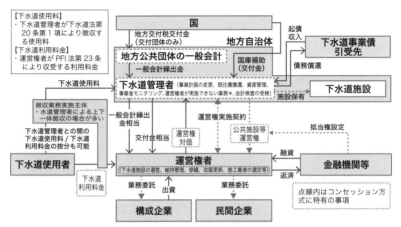

＊事業計画の策定や公権力の行使等、管理者側が行わなければならない業務。

出典：国土交通省『下水道における公共施設等運営事業等の実施に関するガイドライン』

　コンセッション方式を導入する場合であっても、管理者の責任については、下水道法に基づき下水道の管理に係る最終的な責任は管理者が負うこととなりますので、最終責任を果たすための体制は最低限確保しておく必要があります。具体的には、管理者は、従来と同様に下水道施設の保有や事業計画の策定、国庫補助に係る手続や会計検査の受検、各種命令等公権力の行使等の責任を負います。

　他方、運営権者は、施設の運転、維持管理、修繕、改築更新等に加え、下水道施設の維持管理マネジメント、改築更新等に係る企画及びPFI法第23条に基づく下水道利用料金の収受等の業務が実施可能です（図表92参照）。

図表92 管理者と運営者の業務範囲

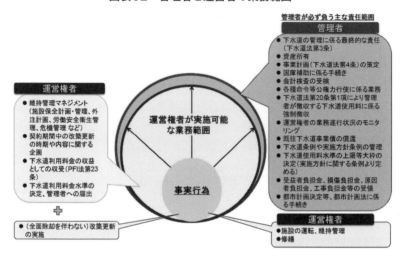

管理者が必ず負う主な責任範囲

管理者
- 下水道の管理に係る最終的な責任（下水道法第3条）
- 資産所有
- 事業計画（下水道法第4条）の策定
- 国庫補助に係る手続き
- 会計検査の受検
- 各種命令等公権力行使に係る業務
- 下水道法第20条第1項により管理者が徴収する下水道使用料に係る強制徴収
- 運営権者の業務遂行状況のモニタリング
- 既往下水道事業債の償還
- 下水道条例や実施方針条例の管理
- 下水道使用料水準の上限等大枠の決定（実施方針に関する条例により定める）
- 受益者負担金、損傷負担金、原因者負担金、工事負担金等の受領
- 都市計画決定等、都市計画法に係る手続き

運営権者
- 施設の運転、維持管理
- 修繕

運営権者
- 維持管理マネジメント（施設保全計画・管理、外注計画、労働安全衛生管理、危機管理 など）
- 契約期間中の改築更新の時期や内容に関する企画
- 下水道利用料金の収益としての収受（PFI法第23条）
- 下水道利用料金水準の決定、管理者への届出

＋
- （全面除却を伴わない）改築更新の実施

運営権者が実施可能な業務範囲

事実行為

また、「下水道事業総体」又は「A処理区総体」等の形で運営権設定を行った場合には、処理区内の処理場施設や管路の更新、付替えは運営権の範囲であると考えられます。ただし、具体的にどの程度の業務が当該運営権の範囲内で運営権者が実施可能なものとして位置付けられるかについて、個別の事業において検討が必要となります。

そのほかの運営権者の業務範囲や責任区分の検討に当たっては、事業に求める効率性や運営権者の事業性等をもとに、地理的範囲（処理区等）、施設範囲（処理場・管路等）及び業務内容（企画調整・維持管理）を整理する必要があります（図表93参照）。

図表93 コンセッション方式検討に当たっての基本的検討事項

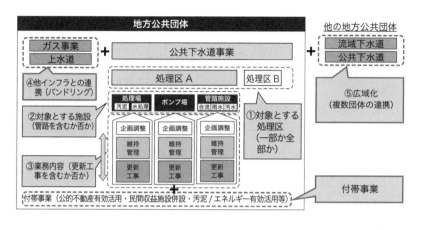

② 改築更新等工事の取扱い

　改築更新等工事については、基本的には運営権者が行うことになりますが、当該工事は、下水道法に基づいて定められた事業計画の範囲内で実施する必要があります。また、改築更新等工事について、社会資本整備総合交付金等を活用して行う場合は、あらかじめ管理者が定める社会資本総合整備計画に位置付けられる必要があり、交付金の交付申請については、従前通り管理者が行うことになります。

③ 運営権者が徴収する利用料金の取扱い

　運営権者はPFI法第23条に基づき下水道利用料金を収受することになりますが、運営権者が収受する下水道利用料金は強制徴収ができず、民事上の債権手続により債権回収する必要があることに留意が必要です。運営権者が収受する下水道利用料金については、実施方針に関する条例及び実施方針に定められた上限等に従い定められることになります。

　下水道利用料金の徴収については、下水道使用者の利便性、徴収

図表94 下水道使用料と下水道利用料金の一体的徴収／収受

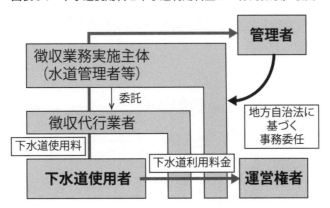

事務効率の観点から、下水道利用料金を管理者が徴収する下水道使用料（狭義）と一体的に徴収することは運用上可能となっています（図表94参照）。既に運営が開始されている浜松市でのコンセッションなどでは、コンセッション開始以前から下水道使用料と水道料金は一体的に徴収されていたことから、引き続き管理者である浜松市が一体的に徴収し、一定の率を乗じた額を運営権者の収入となる利用料金部分として運営権者に送金しています。このような料金・使用料の一体徴収については、平成28年度に改正されたPFI法施行令第4条に位置付けられています。具体的には、公共施設等運営事業の円滑かつ効率的な遂行を図るため、公共施設等運営権者が自らの収入として収受する利用料金を、地方公共団体が徴収する料金と併せて収受する必要があると認めるときは、当該公共施設等運営権者の委託を受けて、当該地方公共団体が当該利用料金を収受することができることとなりました。これは地方自治法第235条の4第2項（地方公共団体の所有に属しない現金の保管の禁止）の特例となります。

なお、管理者は、運営権者から事前に、下水道事業を運営して利

用料金を収受する権利に対する対価（運営権対価）を徴収すること
ができます。運営権対価の支払い方法は一括・分割の選択が可能で
す。

④　運営権の契約期間

運営権の契約期間に法令上の制限はなく、事業範囲に含める施設
の耐用年数や改築更新事業の発生時期等を総合的に勘案して設定す
ることになります（**図表95**参照）。

図表95　PFI事業の実施例

地方公共団体	事業種別	概要	契約期間	
			建設期間	運営期間
東京都	消化ガス発電	発電設備整備・運営	約1年	約20年
横浜市	改良土製造	改良土プラント増設・運営	約1年	約10年
	消化ガス発電	発電設備整備・運営	約1年	約20年
	汚泥燃料化	汚泥燃料化施設整備・運営	約3年	約20年
黒部市	消化ガス発電・汚泥燃料化	バイオマス利活用施設整備・運営	約2年	約15年
大阪市	消化ガス発電	消化ガス発電設備整備・運営	約1年	約20年
	汚泥燃料化	汚泥燃料化施設整備・運営	約3年	約20年

⑤　コンセッション方式の財源構成

コンセッション方式の財源構成については、建設改良費ベースで
見ると、これまで、地方債、地方単独費としていた部分について、
民間資金を活用する余地が生まれます。

他方、管理運営費ベースで見ると、事業に要する費用は、一般会
計繰出金、下水道使用料・下水道利用料金により賄われる点では、
変化はありません（**図表96**参照）。

第3章
下水道事業の経営手法

図表96　従来事業実施時及びコンセッション方式の財源構成

従来事業実施時 → **コンセッション時**

従来事業実施時

【建設改良ベース】

総事業費	国費	地方単独費
	地方債	
	受益者負担金	

【管理運営ベース】

〈支出〉	〈収入〉
建設費地方債償還（元利償還）	一般会計繰出金
維持管理費	下水道使用料

コンセッション時

【建設改良ベース】

総事業費	国費	**民間資金等**
	民間資金等	
	受益者負担金	

【管理運営ベース】

〈支出〉	〈収入〉
建設費地方債償還 **改築更新投資** **運営権者借入償還** （元利償還）	一般会計繰出金
維持管理費 **（管理者分、運営権者分）**	下水道使用料 **／下水道利用料金**

⑥　事業情報の整備・開示

コンセッション方式を導入するに当たっては、民間事業者の参画促進やデューデリジェンスの円滑化の観点から、事業に関する情報を整備し、開示することが重要になります（図表97参照）。

図表97　デューデリジェンスにおいて提示が想定される項目（参考）

大項目	中項目	内　容
財務諸表	企業会計適用の場合	損益計算書、貸借対照表、キャッシュフロー計算書、収益費用明細書、固定資産明細書、企業債明細書（遡れる限り過去からの情報を提供）
	(企業会計非適用の場合)	歳入歳出決算書、歳入歳出決算事項別明細書（実質収支に関する調書、財産に関する調書）（遡れる限り過去からの情報を提供）
	その他	財務諸表に記載のない詳細な情報（設備投資額の推移など）
設計・竣工の状況	設計・竣工図書	土木：構造図、配筋図、仮設図、構造計算書、数量計算書など 建築：意匠図、構造計算書、数量計算書など 機械：フロー図、平面図、断面図、設計計算書など 電気：単線結線図、システム構成図、計装フロー図など
維持管理状況	維持管理年報	処理水・汚泥量等、水質検査結果等、揚水量実績等、管路管理実績（遡れる限り過去からの情報を提供）、特定施設（特定事業所）の状況
施設情報	施設台帳	土木・建築施設の詳細な情報（竣工年、更新年、面積、取得価格、耐用年数、簿価、建設改良費・維持修繕費の推移、位置図、写真、長寿命化計画資料など） 機械電気設備詳細（竣工年、更新年、取得価格、耐用年数、簿価、建設改良費・維持修繕費の推移、位置図、写真、ストックマネジメント計画資料など）
	管路台帳	管路平面図、施設情報（設置年、スパン長、管径、材質、土被り等）、土質条件、地下水位 維持管理履歴（点検周期、点検内容、修繕履歴、管路内調査結果、長寿命化計画資料など）、TV調査資料など
法務	管理者の契約関係	管理者が第三者と締結している契約等の内容

浜松市　コンセッション事例（情報開示等）

〈情報開示・競争的対話スケジュール〉

H28.5.31	募集要項等公表（関連資料・参考資料の開示）
H28.6.7	募集要項等説明会及び現地見学会
H28.8.5	募集要項等に関する質問への回答
	➢約730の質問に対する回答公表
	➢民間事業者からの要望を受け、開示資料を追加
H28.9.2〜11.4	
	現地調査及び競争的対話
	➢応募者からの要望を受け、現場調査回数を1回追加
	➢応募者からの要望を受け、競争的対話回数を1回追加
	➢完成図書や過去の工事資料等の閲覧機会を付与

〈情報提供の機会〉

●質問回答　　●現地調査　　●競争的対話　　●現地資料閲覧
●説明会　　●汚泥サンプル提供

〈関連資料・参考資料の開示資料〉

【事業に関すること】
「建設費・維持管理費実績」「決算書類」「業務継続計画」「利用料金見込、推移予測」「滞納件数・収納率の推移」「加入保険一覧」「中長期財政計画」「使用料改定履歴」「人員数関連資料」

【維持管理に関すること】
「流入汚水量及び水質実績」「対象施設一覧・概要（所在地・名称・設備諸元・図面等）」「施設台帳」「健全度一覧・判定表」「工事・メンテナンス履歴台帳」「劣化状況写真帳」「電力、燃料、薬品の使用実績」「維持管理報告書」

【施設に関すること】
「更新計画原案」「土質等情報」「対象施設及び関連施設の完成図書等」「長寿命化計画」

【法務に関すること】
「調停・徴収・債権回収フロー」「改築工事フロー」

出典：浜松市HPより国土交通省編集

⑦　運営権者の選定、モニタリング・評価

　運営権者の選定に当たっては、まず、実施方針や開示情報等において、事業の要求水準、事業に伴うリスク・リターンを透明性のある形で開示した上で、運営権者選定のための評価は、原則としてVFMにより評価を行うことが望ましいとされています。VFMとは、ヴァリュー・フォー・マネー：支払い（Money）に対して最も価値の高いサービス（Value）を供給するという考え方に立ち、従来の

方式と比べて総事業費をどれだけ削減できるかを示す割合です。

　運営権者の選定は、このように様々な価値を総合的に評価する複雑なものであるため、選定のプロセスについては、応募者との対話や多段階選抜の活用が有用とされています。

　また、管理者は、運営権者を選定すれば業務が終わるのではなく、コンセッション方式が当初の目的を達成できるように、選定後の事業実施の段階において、運営権者に対して、要求水準の達成状況をはじめ、事業が適切に実施されているかモニタリング・評価を行うことが不可欠となります。

4) コンセッション方式の導入事例

　下水道分野では、令和4年4月時点で三つの地方公共団体がコンセッション方式を導入しており、今後事業開始を予定して事業者選定等の手続をしている事業もあります。いずれの事業も20年程度の事業期間が設定されており、包括的民間委託よりも長期の事業期間となっています。また、ごみ処分場や水道施設と下水道施設が一体的に事業範囲に含まれている事例もあります（図表98参照）。

図表98　コンセッション方式の導入事例

地方公共団体	事業名	コンセッション対象事業・箇所	事業期間
静岡県浜松市	公共下水道終末処理場（西遠処理区）運営事業	西遠浄化センター及び二つのポンプ場の運営及び改築更新	平成30年4月から20年間
高知県須崎市	公共下水道施設等運営事業	計画策定支援、管きょ維持管理（各種施設の維持管理やごみ処分場の管理について、委託業務として同時に実施）	令和2年4月から19.5年間
宮城県	上工下水一体官民連携運営事業	浄水場、下水処理場及びポンプ場等の運営及び改築更新	令和4年4月から20年間
神奈川県三浦市	公共下水道（東部処理区）運営事業	下水処理場・ポンプ場の管理、更新及び管路の維持管理・更新・延伸（※ただし、更新・延伸費用は市が負担）	令和5年4月から20年間（予定）（※令和3年4月実施方針公表、同年7月募集要項等公表）

　我が国の上下水道分野で初のコンセッション方式の導入事例となった浜松市の事例を見てみます。浜松市では、市内に複数ある下水処理区のうち、最大の処理人口をカバーする西遠処理区を対象として、処理区内の処理場・2ポンプ場を対象施設としています。業務範囲は、経営、維持管理、そして、改築になります。改築には、機械設備や電気設備は含まれますが、土木や建築に関する改築は対象外となっています。

　なお、改築に要する費用の10分の1を運営権者が負担し、残りの10分の9は市が負担します。これは、下水道事業に関する国庫補助や地方財政措置は市に交付がなされる制度であることから、このように市が負担する仕組みとなっています（図表99参照）。

図表99　コンセッション浜松方式スキーム図

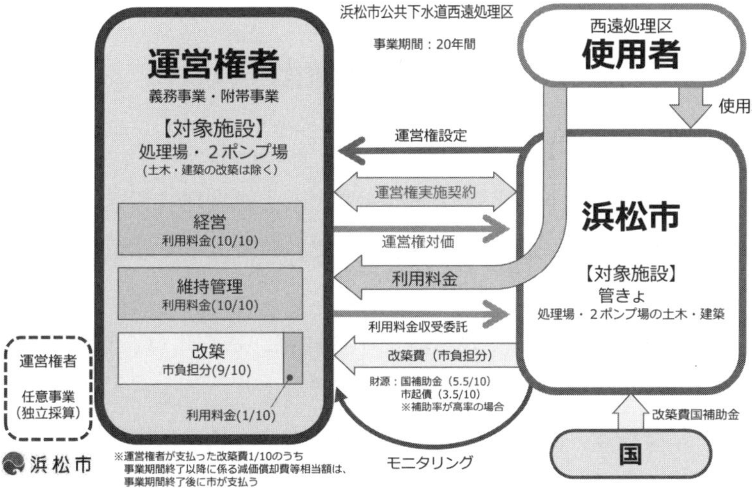

　次に、コンセッション方式導入による効果としてどのようなものがあったのかを見てみましょう。まず、金銭的な効果として、浜松市では、今後の対象施設の運営や改築更新に約600億円の事業費を見込んでいましたが、コンセッション方式では514億円に縮減す

ることが提案されており、その縮減率は14.4%になります。また、運営権者は浜松市に25億円の運営権対価を支払うことも提案しており、浜松市にとっては今後の下水道事業運営の財源となります。

運営権者の取組としては、運営権者による修繕等の内製化が推進され、保全管理費が令和元年度では市想定コストから43%の縮減となりました。また、運営権者における従業員の正規雇用者の比率も90%を超え、従前の包括委託のときよりも増加しています。このような現象は、コンセッション方式で長期契約となったことに起因するとも考えられます。

また、そのほかにも地域での企業家支援プログラムの実施などの取組も運営権者によって行われるなどの定性的な地域に根差した取組も見られるところです。

7 下水道事業の広域化・共同化

1) 広域化・共同化の必要性

地方公共団体の下水道職員の減少や、下水処理場や管きょ等の下水道施設の老朽化が進行しているなかで、持続的な下水道事業の運営体制を確立することが喫緊の課題となっています。そのためには、複数の地方公共団体間での広域化・共同化、さらには、集落排水、廃棄物処理又は水道など他分野との連携により、スケールメリットを活かしながら、限られた人材の有効活用や管理の効率化を図ることが重要です。下水道事業における広域化・共同化は、具体的には、複数の処理区の統合や下水汚泥の共同処理、複数事業の管理の全部又は一部を一体的に行う等の広域的な連携により事業運営基盤の強化を図ることをいいます。

平成29年12月に決定された「経済・財政再生計画改革工程表

2017改定版」（平成29年12月21日経済財政諮問会議決定）において、「平成34年度までの広域化・共同化を推進するための目標」が設定されました。具体的には、「全ての都道府県における広域化・共同化に関する計画策定」及び「汚水処理施設の統廃合に取り組む地区数」の二つになります。

　それを受けて国土交通省では、地方公共団体での広域化・共同化の取組を促進するために、平成30年1月に関係省（総務省、農林水産省、環境省）と4省連名で「汚水処理の事業運営に係る「広域化・共同化計画」の策定について」を通知しました。同通知により、全都道府県における令和4年度までの「広域化・共同化計画」策定を要請しています。

　地方公共団体が広域化・共同化の具体的な検討を行う際の手順や先例等の情報は、「広域化・共同化計画策定マニュアル（改訂版）」（令和2年4月、総務省、農林水産省、国土交通省、環境省）や、「下水道事業における広域化・共同化の事例集」（平成30年8月（令和3年4月に事例追加）、国土交通省）に整理されていますので、参照してください。

　広域化・共同化計画は、都道府県構想を構成する「整備・運営管理手法を定めた整備計画」の一部として位置付けられています。広域化・共同化計画の対象施設は、汚水排水処理を担う下水道、農業集落排水施設、浄化槽、し尿処理施設を対象とするものとなっています。このように、広域化・共同化計画の策定や実際の推進に当たっては、広域化・共同化は市町村が管理する汚水処理事業も対象となることから、都道府県と市町村の連携、また、汚水処理担当部局（下水道、集落排水、浄化槽）のみならず、し尿処理部局も巻き込むようなタテ・ヨコの連携が重要となります（**図表100**参照）。

図表100　広域化・共同化の内容

```
                  都道府県構想
● 汚水処理の役割分担
● 整備・運営管理手法を定めた整備計画
 ┌─────────────────────────────────────┐
 │ ・10年概成アクションプラン              │
 └─────────────────────────────────────┘
 ┌─────────────────────────────────────┐
 │ ・長期的（20～30年）な整備・運営管理内容  │
 │  ┌──────────────────────────────┐    │
 │  │       広域化・共同化計画          │    │
 │  │ ● 連携項目（ハード・ソフト）/スケジュール等を記載 │
 │  │  ┌ ─ ─ ─ ─ ─ ─ ─ ─ ─ ─ ─ ─ ┐  │    │
 │  │   ・短期的（5年程度）、中期的（10年程度）な実施計画 │
 │  │   ・長期的な方針（20～30年）        │  │    │
 │  │  └ ─ ─ ─ ─ ─ ─ ─ ─ ─ ─ ─ ─ ┘  │    │
 │  └──────────────────────────────┘    │
 └─────────────────────────────────────┘
```

2）広域化・共同化の取組状況

　下水道事業における広域化・共同化には、ハード連携である「(汚水処理又は汚泥処理) 施設の共同化・統廃合」、ソフト連携である「維持管理の共同化」及び「事務の共同化」といった形態があります。施設の共同化・統廃合により、近隣の処理施設を統廃合することによって、施設更新や維持管理に係るコストを低減でき、より少人数で施設管理を行うことが可能となります。特に、人口減少に伴う施設の稼働率低下への有効な対策となります。

　また、ソフト連携としては、複数市町村で処理場の運転管理業務や日常保守点検業務等を共同発注することにより、水質試験、薬品等の集約管理によるコスト削減や、少人数での施設管理を実現できます。こうした取組の中には、複数の市町村の下水処理場を光回線で結び遠隔監視を行うといった事例もあります。そのほかにも、使用料徴収や滞納管理、会計処理、下水道台帳管理、水洗化促進等の事務処理を共同化することにより、職員の業務負荷を軽減させることが可能となります（図表101参照）。

図表101　広域化類型の内容

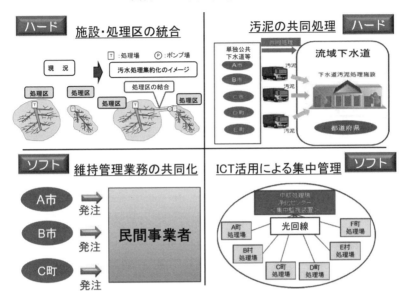

　平成27年5月に改正された下水道法（第31条の4）において複数下水道管理者の広域的な連携を推進するため、協議会制度が創設されました。当該協議会制度において、協議会の構成員は、協議が調った事項について、その協議の結果を尊重しなければならないこととされています（第31条の4第3項）。また、地方自治法に基づく一部事務組合や協議会とは異なり、当該協議会の設置に当たっての総務大臣等への許可申請や届出は必要ありません（図表102参照）。

図表102　法定協議会の内容

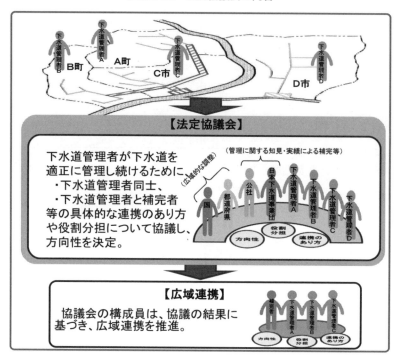

　平成28年度に、大阪府富田林市、太子町、河南町及び千早赤阪村の4下水道管理者によって、管理の効率化に向けて下水道事務の広域化を検討するため、全国初の改正下水道法に基づく協議会が設置されたのを皮切りに、その後、埼玉県、長崎県、兵庫県及び秋田県では、県及び市町村（地域によっては下水道公社を含む。）が構成員となり協議会が設立され、広域化・共同化の促進に向けて、汚泥の共同処理や処理区の統廃合、維持管理の共同化などの施策が検討されています。

8　下水道事業の経営改善

1）下水道経営の現状

　下水道経営について我が国全体で見ると、引き続き厳しい状況にありますが、様々な対策の推進により、ここ十数年で見ると大きく改善しています。

　しかしながら、今後、①収入面については、節水機器の普及拡大、人口減少の進展等による使用料の減少、一般会計繰出金の抑制等が予想されるとともに、②支出面については、予防保全型維持管理を踏まえた維持管理費の増加、都市部における改築更新費の増大等が予想されるところであり、経営状況の現状をしっかり把握し、将来の見通しを立てることが益々重要になってきています。

　最初に、現下の下水道経営の現状について、概括的に見ていくこととします。

①　投資をめぐる動向

　下水道普及率の高まりや、厳しい財政状況等を背景に、下水道投資額（建設改良費）は、近年、減少傾向の後、横ばいの状況にあります（図表103参照）。また、このような投資の状況を背景に、下水道の地方債残高、一般会計繰入金は、近年減少傾向にあるものの、依然として高い水準を維持しており、公営企業に対する一般会計からの繰入金総額の約5割を占めています（図表104、図表105参照）。

第3章

下水道事業の経営手法

図表103　下水道投資額（建設改良費）等の推移

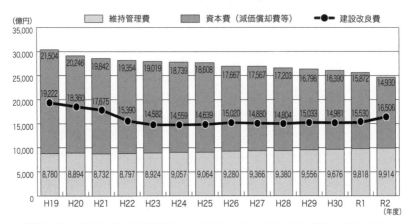

※建設改良費：公共下水道、特定環境保全公共下水道、特定公共下水道、流域下水道を対象としているが、流域下水道建設費負担金については、二重計上を防ぐため控除している。
※維持管理費・資本費：公共下水道、特定環境保全公共下水道、特定公共下水道を対象としているが、維持管理費・資本費の中には、流域下水道維持管理負担金も含まれており、当該部分の流域下水道の管理運営費も含まれている。
　資本費については、平成26年度以降は、長期前受金戻入を控除している。
出典：「地方公営企業年鑑」（総務省）をもとに作成

図表104　下水道の地方債残高の推移

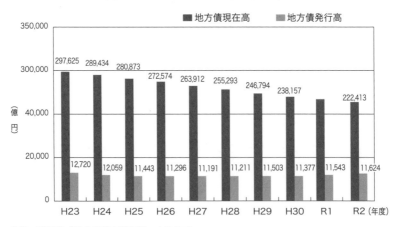

出典：総務省「地方公営企業年鑑」より作成
※地方債発行額・現在高には、農業集落排水等が含まれている。

図表105　下水道の一般会計繰入金の推移

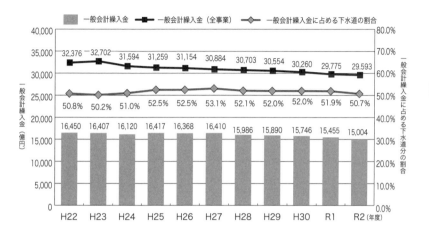

出典：「地方公営企業年鑑」（総務省）をもとに国土交通省作成
※公共下水道事業、流域下水道事業への一般会計繰入金の合計額であり、雨水分等の繰出基準
　に基づく額を含む。

②　収入・支出の状況

　令和元年度の収入・支出の状況について、建設改良費（投資額）ベースで見ると、建設改良費の総額（職員給与費、建設中利息を含む。）は約1.6兆円であり、うち企業債が約0.7兆円（約48%）、国庫補助金が約0.5兆円（約32%）と大部分を占めています（**図表106**参照）。

　また、管理運営費ベースで見ると、収入は、全体で約2.7兆円、うち下水道使用料が約1.5兆円（約55%）、一般会計繰入金が約1.2兆円（約44%）となっている一方、支出は、全体で約2.6兆円、うち汚水分（基準内繰入れを含む。）が約2兆円（約78%）、雨水分が約0.6兆円（約22%）となっています（**図表107**参照）。

第3章
下水道事業の経営手法

図表106 建設改良費（公共下水道事業、流域下水道事業）の収支内訳（令和元年度）（再掲）

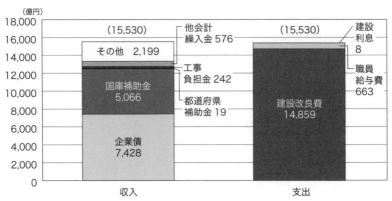

※流域下水道建設費負担金については、二重計上を防ぐため控除
※R1地方公営企業年鑑（総務省）、地方公共団体普通会計決算の概要（総務省）、国土交通省調べをもとに作成。
　（四捨五入の関係で合計が合わない場合がある）

図表107 管理運営費の収支内訳（令和元年度）（再掲）

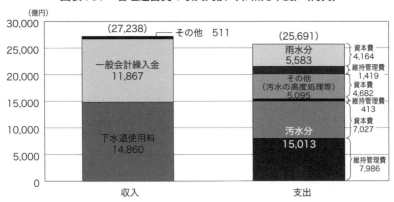

※公共下水道事業（特環、特公を含む。）を対象
※財源の「その他」は、国庫補助金、都道府県補助金、受取利息及び配当金、雑収入、その他である。
※財源の「一般会計繰入金」は、地方公営企業法適用事業（収益的収入分）、地方公営企業法非適用事業（収益的収入、資本的収入−建設改良費充当分）の合計額である。
※支出の「下水道管理運営費」には、流域関連市町村から流域下水道事業に支払われる流域下水道管理運営負担金を含む。
※支出の「その他」は、分流式下水道等に要する経費、高資本費対策経費、高度処理費、水質規制費、水洗便所等普及費等である。
※資本費は、長期前受金戻入見合いの減価償却費を控除している。
※R1地方公営企業年鑑（総務省）、地方公共団体普通会計決算の概要（総務省）、国土交通省調べをもとに作成。
　（四捨五入の関係で合計が合わない場合がある）

③ 経費回収率の動向

次に、公共下水道事業の経営の状況について、最も基本的な指標である経費回収率の動向を見ると、平成18年度から平成29年度までの12年間で、全国ベースで72%から100%に達するまで改善がなされましたが、近年低下傾向が見られます（**図表108**）。また、人口規模別に見ると、濃淡があり、令和元年度を例にとると、政令市・東京都（区部）では、100%を超えている一方で、1万人未満の下水道事業では61.7%にとどまります。

なお、経費回収率が100%を超える事業数は全体の24.8%（令和元年度）に過ぎず、そのため、各事業の経費回収率の単純平均を見ると、その率は82.4%（令和元年度）となります（**図表109**）。

図表108　公共下水道事業の経費回収率の推移

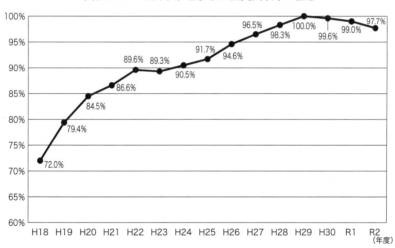

出典：地方公営企業年鑑（総務省）をもとに作成。
※公共下水道（特環、特公を含む）を対象としている。
※平成26年度以降の経費回収率は、補助金等を財源とした償却資産に係る減価償却費等を控除している。

図表109　経費回収率100%以上の事業数及び単純平均経費回収率

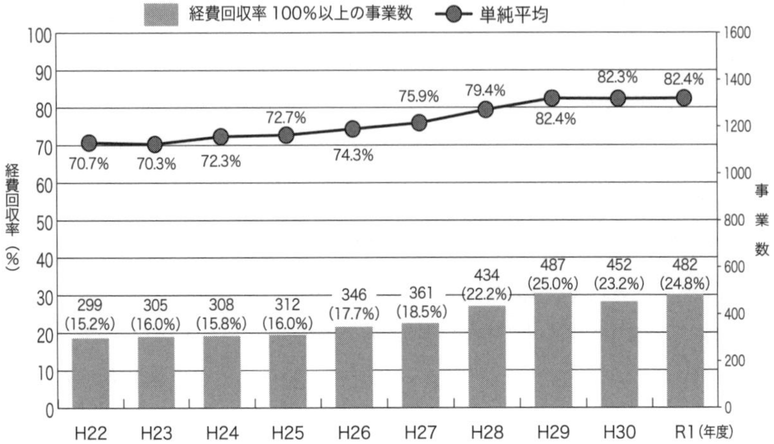

出典：地方公営企業年鑑（総務省）をもとに作成。
※公共下水道事業（特環、特公を含む）を対象としている。
※平成26年度以降の経費回収率は、補助金等を財源とした償却資産に係る減価償却費等を控除している。
※グラフ中、経費回収率100%以上の事業数の（　）内の数字は、全事業数における割合を示している。

④　支出面の動向

　以上の経費回収率の動向の背景について、支出面と収入面の両面から見ていくこととします。まず、支出面である管理運営費については、全国ベースで、平成18年度に約1.9兆円を計上した管理運営費（資本費＋維持管理費）は、令和2年度には1.5兆円を下回るまで減少しています。内訳をみると、資本費が約1.2兆円から約0.7兆円まで大幅に減少している一方で、維持管理費は微増となっています（図表110参照）。

図表110　公共下水道事業（「汚水」）の管理運営費（資本費＋維持管理費）の推移

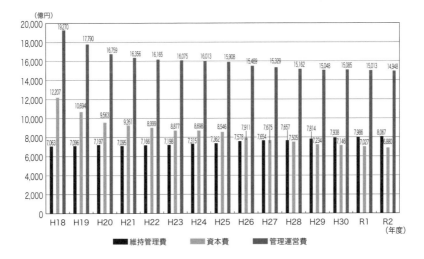

出典：地方公営企業年鑑（総務省）をもとに作成。
※公共下水道（特環、特公を含む）を対象としている。
※平成26年度以降の経費回収率は、補助金等を財源とした償却資産に係る減価償却費等を控除している。

　　上記の資本費の大幅減少については、平成18年度に行われた一般会計繰出基準・地方財政措置の見直しが大きな影響を与えていることに留意する必要があります（図表111参照）。

第3章
下水道事業の経営手法

図表111　下水道事業に対する一般会計繰出基準・地方財政措置の見直し内容（平成18年度）

＜下水道事業に対する一般会計繰出基準の見直し内容＞

１．分流式下水道等に要する経費の追加
　○　分流式下水道の公共的役割に鑑み、汚水資本費に対する公費負担措置（汚水公費分）を創設した。
２．高資本費対策の見直しに伴う繰出基準の改正
　○　汚水公費分の創設に伴い対象資本費を公費措置分控除後の使用料対象資本費とした。
　○　資本費に乗じる乗率を対象資本費が高くなるにつれ高措置となるよう変更した。
　○　供用開始5年未満の事業も対象とした。
　○　対象となる使用料について経過措置を講じた（割落率を変更）。
３．下水道事業債（特別措置分）の償還に要する経費の追加

＜下水道事業に対する地方財政措置の見直し内容＞

１．資本費（元利償還金）に対する地方財政措置の変更
　○　分流式と合流式の整備区分に応じて区分した。
　○　雨水分の公費負担率を変更した。
　○　汚水公費分を新設した。
２．高資本費対策の見直し
　○　一定の料金徴収を前提に資本費の一部に対して財政措置を講じた。
３．財政措置の変更に伴う下水道事業債（特別措置分）の創設
　○　既発債の元利償還金に対する従来の財政措置を補償するため、従来の公費負担割合（7割）と新公費負担割合（3～7割）による額との差額を下水道事業債（特別措置分）に振り替え、後年度において基準財政需要額へ算入した。

　この見直しにより、初めて分流式下水道に対する一般会計繰出金が創設され、所要の経費が、経費回収率の算定の基礎となる「汚水」ではなく、基準内繰入れを計上する「その他」に振り替えられることとなりました。データ上でも、平成18・19年度で、「その他」の資本費が大幅に増加していることが分かります（図表112参照）。

　また、近年の資本費の継続的な減少の背景としては、低金利により新規発行の地方債の金利コストが減少していることに加え、平成19～24年度に、高金利の地方債について、一定条件を満たす場合に、ペナルティ（補償金）免除で繰上償還することが認められたことがあります（図表113参照）。

図表112　公共下水道事業（「その他」）の管理運営費（資本費＋維持管理費）の推移

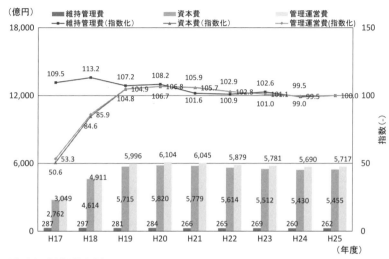

出典：地方公営企業年鑑（総務省）
※指数は、平成25年度を基準（100）として指数化した数値である。
※「その他」とは、分流式下水道等に要する経費、高度処理費など一般会計繰出基準に基づく汚水に係る公費負担分である。
※維持管理費については、災害復旧費等の影響を控除するため、災害復旧費等を含む「その他」を除き「水質規制費」、
　「水洗便所等普及費」、「不明水処理費」、「高度処理費」の合計値としている

図表113　地方債の繰上償還制度の概要

趣旨

○　厳しい地方財政の状況に鑑み、19年度から21年度までの臨時特例措置として、地方向け財政融資の金利5％以上の貸付金の一部について、新たに財政健全化計画等を策定し徹底した行政改革・経営改革を実施すること等を要件に、補償金を免除した繰上償還を実施。
○　20年秋以降の深刻な地域経済の低迷と大幅な税収減という異例の事態を踏まえ、今般限りの特例措置として上記措置を3年間延長し、更なる行政改革・経営改革の実施を要件として、22年度から24年度において実施。

対象となる地方債

平成4年5月31日までに貸し付けられた金利5％以上の地方債。

4条件

補償金免除による繰上償還は、以下のように「4条件」を満たし、法律に基づいて行うことを要件とする。
① 抜本的な行政改革・事業見直しが行われること
② 繰上償還の対象となる事業と他の事業について、明確な勘定分離ないし経理区分が行われ、他の事業に対する財政融資資金が繰上償還対象事業に流用されないことが確認されること
③ 財政健全化・公営企業経営健全化へ向けた新規の計画が策定・実施されること
④ 財政状況の厳しい団体について、補償金を免除した繰上償還と併せて抜本的な行財政改革が行われることにより、早期の財政健全化が図られ、最終的な国民負担の軽減につながると認められること

公営企業債の対象団体要件

○平成19年度から21年度
　年利5〜6％以上の残債：資本費が基準値以上
　年利7％以上の残債：資本費は基準値未満であるが、実質公債費比率が15％以上、経常収支比率が85％以上又は財政力指数が0.5以下の公営企業
○平成22年度から24年度
　年利5〜6％以上の残債：将来負担比率が基準値以上又は資本費が基準値以上
　年利7％以上の残債：実質公債費比率が15％以上、経常収支比率が85％以上又は財政力指数が0.5以下の公営企業

第3章

下水道事業の経営手法

　なお、管理運営費を有収水量で割った汚水処理原価の動向についても、維持管理原価が概ね横ばいである中で資本原価が大幅に減少しており、汚水処理原価全体としても大幅に減少していることが分かります（**図表114**参照）。

　もちろん、これらの取組に加え、国土交通省においては、近年、様々な経営改善に関する取組が講じられてきており、その効果も現れてきているものと考えられます（**図表115**）。

図表114　公共下水道事業の汚水処理原価及び使用料単価の推移

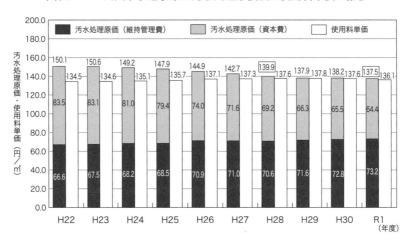

出典：令和元年地方公営企業年鑑（総務省）をもとに国土交通省作成
※公共下水道事業（特環、特公を含む）を対象
　分流式下水道等に要する経費を控除した後の単価である。

図表115　下水道事業の経営改善に向けた取組

国土交通省においては、下水道経営の改善に向けて、以下のような取組を講じてきている。

H16.3	○［処理場包括］「下水処理場等の維持管理における包括的民間委託の推進について」【国土交通省通知】 ・下水処理場等の包括的民間委託※について、その適切な推進が図られるよう、意義・留意事項を示した。
H16.12	○［経営全般］「下水道経営に関する留意事項等について」【国土交通省通知】 ・「下水道政策研究委員会　下水道財政・経営論小委員会中間報告書」（平成16年8月）等を踏まえ、下水道経営を行っていく上で特に重要と思われる留意事項（経営計画の策定、適切な下水道使用料の設定等）や経営指標（水洗化率、有収率、経費回収率等）を示した。
H20.6	○［処理場包括］「包括的民間委託等実施運営マニュアル（案）」【国土交通省協力、日本下水道協会取りまとめ】 ・下水処理場等における包括的民間委託について、さらなる推進が図られるよう、具体的な導入の手続きや契約に定めるべき事項等、実務で必要となる事項を包括的に取りまとめた。
H20.8	○［経営全般］「下水道経営の健全化のための手引」【国土交通省取りまとめ】 ・「社会資本整備審議会下水道小委員会報告」を踏まえ、下水道経営の健全化に当たっての視点・留意点（中期の収支バランス・改善策等の検討、中期経営計画の策定・見直し等）等を示した。
H21.3	○［処理場包括］「下水処理場等における包括的民間委託の事例について」【国土交通省通知】 ・終末処理場等における包括的民間委託について、さらなる推進が図られるよう、地方公共団体の先進事例をとりまとめ、それぞれの契約の具体的な内容等について周知した。
H26.3	○［管路包括］「下水道管路施設の管理業務における包括的民間委託導入ガイドライン」【国土交通省取りまとめ】 ・管路における包括的民間委託について、その適切な推進が図られるよう、具体的な導入の手続きや契約に定めるべき事項等、実務で必要となる事項を包括的に取りまとめた。
H26.6	○［経営全般］「下水道経営改善ガイドライン」【国土交通省・日本下水道協会取りまとめ】 ・下水道経営の経営改善を促進するため、それぞれの下水道管理者が一定の経営指標を基に自己診断し、その要因を検討の上、具体的な経営改善策が策定できるよう、ガイドラインを示した。
H27.11	○［経営全般］「事業計画制度の見直し」【国土交通省】 ・事業計画制度について、収支見通しを工事費に加え、維持管理も対象とすることを明確化するとともに、事業をめぐる状況変化等を踏まえ、収支見通しの適切な算定を行うこととした。
H29.3	○［経営全般］財政計画書作成ツール改訂版（H29.3月） ・簡易な推計手法により、体制が脆弱な中小自治体でも最小限の作業で容易に維持管理費等の将来予測値の推計が行えるように作成した。

第3章

下水道事業の経営手法

H30.3	○ ［経営全般］下水道事業における長期収支見通しの推計モデル（通称：Model G）（H30.3月） ・下水道事業経営における健全な経営及び適正かつ効率的な維持管理を実現するため、簡易な数値の入力のみで現状把握を行うことができるモデルを作成した。
R2.3	○ ［管路包括］下水道管路施設の管理業務における包括的民間委託導入ガイドライン（R2.3） ・適切な管路管理を実践する手段として下水道管路施設の包括的民間委託の導入が円滑に行えるよう、平成26年3月に策定された「下水道管路施設の管理業務における包括的民間委託導入ガイドライン」を改正。

※終末処理場等の包括的民間委託によるコスト削減効果については、平成19年度に行ったサンプル調査によると、平均で維持管理費が9.6％削減（人件費23.1％削減、委託費6.4％削減）される効果があったとされている。

⑤　収入面の動向

　次に、収入面である使用料収入の動向については、全国ベースで、平成21年度から令和元年度までの数値を見ると、平成29年度までは増加傾向にありましたが、平成30年度からは若干減少傾向が見られます（図表116参照）。これを、人口規模別の6区分で見ると、政令指定都市では横ばい傾向、それ以外の都市では、概ね規模が小さい都市ほど増加傾向が大きくなっています（図表117参照）。

図表116　公共下水道事業の使用料収入の推移

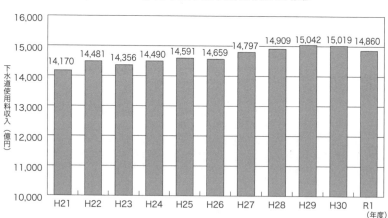

出典：地方公営企業年鑑（総務省）をもとに国土交通省作成
※公共下水道事業（特環、特公を含む）を対象としてる

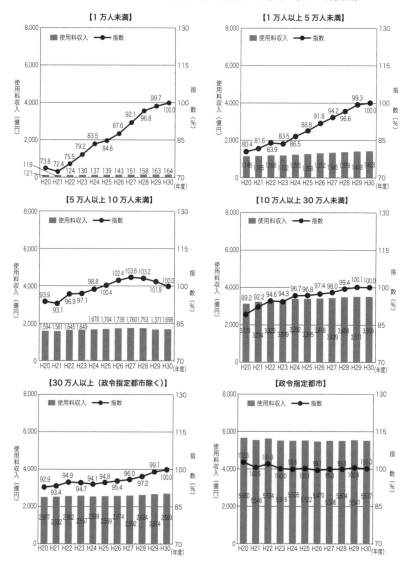

図表117　公共下水道事業の使用料収入の推移（人口規模別）

出典：地方公営企業年鑑（総務省）等をもとに作成

※指数は、平成30年度を基準（100）として指数化した数値である。

※政令指定都市とは、その年に政令指定都市であるかの如何を問わず、平成30年度に政令指定都市となっているものを対象としている。

　使用料収入について、有収水量と使用料単価に分けて、それぞれ
の動向を見てみることにします。まず、有収水量の動向について
は、全国ベースで、普及の拡大に伴い引き続き増加しています（図
表118参照）。

　なお、近年の節水器機の普及に伴う排水量の動向について、家庭
排水が多くの部分を占めていることを前提に、普及拡大の影響を極
力除去した指標として「有収水量／接続済人口」を考えると、全国
ベースで、平成21年度に接続人口当たり120㎥だった有収水量が、
令和元年度には113.7㎥と減少傾向となっており、節水機器の普及
拡大等による水利用（排出）の減少傾向が推察されます（図表118
参照）。

図表118　公共下水道事業の有収水量・接続済人口の推移

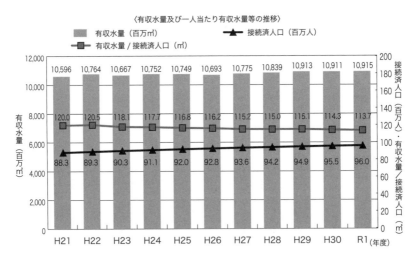

出典：地方公営企業年鑑（総務省）をもとに国土交通省作成
※公共下水道事業（特環、特公を含む）を対象としている。

次に、使用料単価の動向については、全国ベースで、漸増傾向から横ばい傾向となり、平成30年度からは、若干減少傾向が見られます（図表119参照）。

図表119　公共下水道事業の汚水処理原価及び使用料単価の推移（再掲）

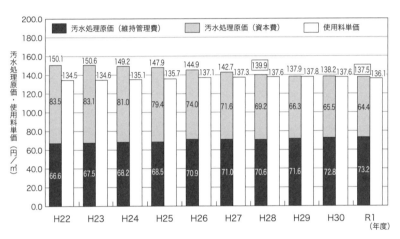

出典：令和元年地方公営企業年鑑（総務省）をもとに国土交通省作成
※公共下水道事業（特環、特公を含む）を対象
　分流式下水道等に要する経費を控除した後の単価である。

⑥ 経費回収率の動向の要因分析

　以上で様々な角度から見てきた経費回収率について、まとめとして、近年の増減率の要因別寄与度を見ていくこととします。平成8年度以降の大きな傾向としては、使用料収入の経費回収率増加（改善）への寄与度が徐々に低下する一方、資本費と維持管理費の経費回収率減少（悪化）への寄与度は、徐々に低下し、資本費については経費回収率増加（改善）に寄与するに至っています（**図表120**参照）。

　なお、平成18〜20年度の資本費が、経費回収率増加（改善）の方向に大きく寄与しているのは、分流式下水道に係る一般会計繰出制度の創設や、補償金免除の地方債繰上償還制度の実施による影響が大きいと考えられます。

　直近の年度に着目すると、維持管理費が増加傾向にあることに加えて、使用料収入も頭打ち又は直近では減少の傾向にもあります。こうしたことから平成26年度以降は経費回収率の増加（改善）は鈍化し、平成30年度以降はむしろ減少（悪化）している状況になっています。令和元年度、2年度については、新型コロナウイルス感染症による影響も考えられますが、下水道経営を全体で見ると、改善を続けてきた局面からの転換点を迎えている可能性があり、今後継続的に注視していくことが必要です。

2）下水道経営改善ガイドライン

　下水道経営の状況は以上に述べたとおりですが、国土交通省においては、下水道事業の経営改善を促進するため、「下水道経営改善ガイドライン」（平成26年6月）を取りまとめています。

　本ガイドラインは、下水道事業者へのアンケート調査やモデル都市へのヒアリング等の地道な実態調査を経て取りまとめたものであ

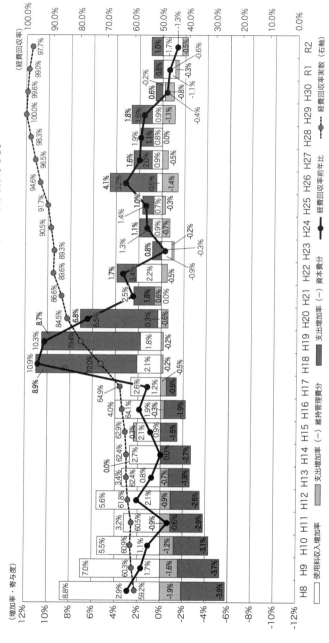

図表120　公共下水道事業の経費回収率の変化率への要因別寄与度

出典：地方公営企業年鑑（総務省）、地方公営企業決算状況調査（総務省）をもとに作成
※公共下水道事業（特環、特公を含む）を対象。
※平成18年度以降は、汚水公費分（分流式下水道に要する経費）を控除している。
※平成26年度の資本費からは、補助金等を財源とした償却資産に係る減価償却費を控除している。

第3章

下水道事業の経営手法

りますが、内容としては、

・下水道事業者が自身の経営状況を経営指標により測定・評価し、経営上の課題を把握できるようにするとともに、

・その評価に応じて、課題に対して効果のある施策を選択・実施して再評価すること

を支援するガイドラインとなっています。

　本ガイドラインについては、地方公営企業法を適用しておらず、かつ、人的余裕がなく経営状況の分析がなかなかできていないような中小の事業者にも活用しやすい内容となっており、下水道経営の関係者に活用されることが望まれるものです。なお、詳細については、同ガイドラインを適宜参照してください。

　本ガイドラインにおける経営改善に向けた取組のプロセスは、以下のとおり（①～⑦）であり、①～④がPlan、⑤がDo、⑥がCheck、⑦がActとして、全体としてPDCAサイクルを形成しています（詳細については、**図表121**参照）。

① 各事業者が、経営自己診断表に数値を入力し、経営の現状を経営指標で測定及びランク分けをします。

② 経営指標値のランク分けに応じて、具体的要因を把握・分析します。

③ それぞれの具体的要因について、効果のある施策を選択・決定します。

④ 以上の過程（①～③）を、経営計画に組み込みます（Plan）。

⑤ 施策決定後、施策を実施します（Do）。

⑥ 再度経営自己診断表を用いて経営指標値を再測定及びランク分けし、施策による改善効果を評価します（Check）。

⑦ その評価結果に応じて施策の見直しの有無を検討します（Act）。

図表121　経営改善に向けた取組のプロセス

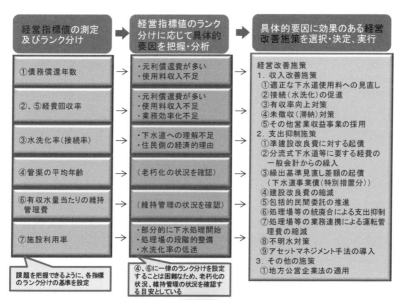

上記取組を PDCA サイクルに組み込み、
経営状況の改善を図る

　ポイントとなる経営の現状を判断する経営指標については、下水道事業者へのアンケート調査やモデル都市へのヒアリング等を踏まえ、①債務償還年数、②経費回収率、③水洗化率、④管きょの平均年齢、⑤経費回収率（再掲）、⑥有収水量当たりの維持管理費、⑦施設利用率の全体で六つを選定しており、下水道事業の実態を踏まえつつ、それぞれの指標について、ランク区分を行うなどベンチマークを設定しています（図表122参照）。

図表122　経営自己診断表（経営指標値の測定・ランク分け等）

・事業者は、経営自己診断表に分母・分子の数値を記入する。
・経営自己診断表の青色で塗られている部分が、各事業者で入力する箇所である。

経営指標	経営指標値の測定			測定値	単位	ランク分け			下水道経営の現状
	分子		分母						
①債務償還年数	地方債残高(千円)		業務活動等によるキャッシュ・フロー(千円)		年	A	B	C	①資本費が高い
②経費回収率	使用料収入(千円)		汚水処理費(千円)		％	A	B	C	②人口減少による収入減
③水洗化率(接続率)	現在水洗便所設置済人口(人)		現在処理区域内人口(人)		％	A	B	C	③水洗化率(接続率)の低迷
④管渠の平均年齢	年度別布設管渠延長(km)に管渠布設後経過年数(年)を乗じたものを総延長を合計する。で除したものを合計する。		現在処理区域内人口を総延長を合計(km)		年	20年以上 20年未満			④老朽化施設が多い
⑤経費回収率	使用料収入(千円)		汚水処理費(千円)		％	A	B	C	⑤一般会計繰入金に依存
⑥有収水量当たりの維持管理費	汚水処理費(維持管理費)(千円)×1,000		年間有収水量(㎥)		円/㎥	大きく外れている 大きく外れていない			⑥維持管理費が高い
⑦施設利用率	現在晴天時平均処理水量(㎥/日)		現在晴天時処理能力(㎥/日)		％	A	B		⑦施設効率が低い

　①債務償還年数、②・⑤経費回収率、③水洗化率、④管きょの平均年齢、⑥有収水量当たりの維持管理費、⑦施設利用率の六つの経営指標の概要については、図表123～128のとおりです。なお、各図中に掲載しているモデル都市と全国加重平均値のデータについては、直接の調査（令和2年度地方公営企業年鑑及び地方公営企業決算状況調査）によるものに更新しています。ただし、管きょの平均年齢は、平成27年度末のものです。

図表123 債務償還年数

(1) 指標の説明
・事業投資に要した地方債の残高が、使用料収入などの営業収入で獲得するキャッシュ・フロー能力の何倍（何年分）に当たるかを測る。
・当該指標により、地方債の返済可能能力を把握するとともに、借金が収入に見合ったものであることを判断する。

(2) 経営指標の算定式
債務償還年数（年）＝地方債残高 ÷ 業務活動によるキャッシュフロー

(3) モデル都市の経営指標値と全国加重平均値

事業	秋田県潟上市	新潟県糸魚川市	佐賀県唐津市	全国加重平均値
公共下水道	22年	19年	30年	16年
特定環境保全公共下水道	31年	11年	60年	23年

※）全国加重平均値は法適用事業のみを対象としたものである。

(4) 経営指標値によるランク分けの基準

	Aランク	Bランク	Cランク
債務償還年数	30年未満	30年以上45年未満	45年以上

(5) 経営指標値が基準の範囲を上回る要因
・設備投資に多額のコストを要し元利償還費が増加することや、供用開始後年数が浅く、下水道に接続している人口が少ないため流入水量が少なく使用料収入が不足することなどが考えられる。

図表124 経費回収率

(1) 指標の説明
・使用料収入で汚水処理費（使用料対象経費）の何パーセントを賄えているかを測る。
・人口減少により既整備区域の収入が減少するため、適切な使用料水準となっていることを判断する。

(2) 経営指標の算定式
経費回収率（％）＝使用料収入÷汚水処理費×100※1

※1 汚水処理費
分流式下水道等に要する経費を控除した後の値を用いる

(3) モデル都市の経営指標値と全国加重平均値

事業	秋田県潟上市	新潟県糸魚川市	佐賀県唐津市	全国加重平均値
公共下水道	100.0%	95.0%	96.9%	98.9%
特定環境保全公共下水道	100.0%	101.3%	97.9%	75.3%

(4) 経営指標値によるランク分け

	Aランク	Bランク	Cランク
経費回収率	100%以上	80%以上100%未満	80%未満

(5) 経営指標値が基準の範囲を下回る要因
・設備投資に多額のコストを要し元利償還費が増加することや、地理的要因などにより維持管理費が増加すること、供用開始後年数が浅く、下水道に接続している人口が少ないため流入水量が少なく使用料収入が不足することなどが考えられる。

図表125　水洗化率

(1) 指標の説明
・下水道を利用できる地区における水洗化されている割合を測る。
・水洗化率（接続率）を上げることは、使用料収入の確保につながるため、水洗化率（接続率）を上げていく必要がある。

(2) 経営指標の算定式
水洗化率（接続率）（％）＝水洗便所設置済人口÷処理区域内人口×100※1

※1　水洗便所設置済人口
公共下水道に接続している人口とし、下水道法によらない事業や浄化槽による水洗便所設置済人口を除く

(3) モデル都市の経営指標値と全国加重平均値

事業	秋田県潟上市	新潟県糸魚川市	佐賀県唐津市	全国加重平均値
公共下水道	95.2%	97.0%	96.1%	95.6%
特定環境保全公共下水道	82.3%	99.6%	79.7%	84.7%

(4) 経営指標値によるランク分け

	Aランク	Bランク	Cランク
水洗化率（接続率）	95%以上	90%以上95%未満	90%未満

(5) 経営指標値が基準の範囲を下回る要因
・下水道接続することへの住民の理解不足
・低所得世帯において接続費用の負担が難しいこと
・自分たちの世代しか使用しないと考えている高齢者世帯が、水洗化（接続）の必要性を感じにくいなど、高齢者世帯の未接続

図表126　管きょの平均年齢

(1) 指標の説明
・管きょの布設初年度から現在までの各年の管理延長から算定する年度別布設管きょ延長に、管きょ布設後経過年数を乗じて、総延長合計で除したものを合計して計算。
・各年の管理延長は、『下水管路に起因する道路陥没事故及び管きょ延長に関する実態調査』にて、各事業者が提出する管理延長を使用する。

(2) 経営指標の算定式
管きょの平均年齢（年）＝Σ（年度別布設管きょ延長×管きょ布設後経過年数）÷総延長合計

(3) モデル都市の経営指標値と全国加重平均値

事業	秋田県潟上市	新潟県糸魚川市	佐賀県唐津市	全国加重平均値
公共下水道	15.3年	15.6年	12.6年	20.1年

(4) 経営指標の考え方
　一般的に、下水道施設がある程度若い段階から適切な維持管理をすると、長寿命化をはかることができる。そのため、維持管理も含めて、どの段階で経費が生じるかという観点から、管きょの平均年齢は、予防保全型の維持管理を行うタイミングを判断する指標として取り扱う。
　管きょの耐用年数は50年であるが、「補助金等に係る予算の適正化に関する法律施行令」第14条の規定に基づき定められた処分制限期間は20年であることから、布設から約20年を経過すると、管きょの老朽化対策に要する経費が生じ、事業経営に影響を与える可能性があると考えている。

管渠の平均年齢	対応
20年以上	管路のリスク評価による改築優先順位等を検討し、更新費用を含めた事業（予算）の平準化をはかる。
20年未満	下水道事業の役割を踏まえ、施設の状態を把握し、計画的、効率的に管理する。

図表127　有収水量当たりの維持管理費

(1) 指標の説明
・年間有収水量に対する維持管理費の水準が適正であるかを測る。
・流域関連公共下水道は終末処理場を有していないことから、単独公共下水道と分けて判断。

(2) 経営指標の算定式

　有収水量当たりの維持管理費（円／㎥）＝維持管理費（汚水分）÷年間有収水量

(3) モデル都市の経営指標値と全国加重平均値

事業	秋田県潟上市	新潟県糸魚川市	佐賀県唐津市	全国加重平均値
公共下水道	98.5円／㎥	135.1円／㎥	95.4円／㎥	71.5円／㎥
特定環境保全公共下水道	105.0／㎥	177.6／㎥	110.4／㎥	144.4円／㎥

(4) 経営指標の考え方
　当該指標は、主に事業者の地理的条件に影響を受けることを考慮して、有収水量密度ごとに平均値を分類する。

状況		対応
有収水量あたりの維持管理費が、有収水量密度ごとの平均値や、大部分の事業者が集中しているかたまりから大きく外れている場合	高い場合	維持管理費の内訳を確認し、なぜ高いのか確認を行う。
	低い場合	維持管理喪の内訳を確認し、なぜ低いのか確認を行う。
有収水量当たりの維持管理費が、有収水量密度ごとの平均値や、大部分の事業者が集中しているかたまりから大きく外れていない場合		維持管理費の内訳を確認し、内訳ごとに異常がないか確認を行う。

(5) 経営指標値が基準の範囲から乖離する要因
　指標値が基準の範囲から乖離する要因として、次の要因が考えられる。
・有収水量当たりの維持管理費が高くなる要因
　a. 地理的条件、b. 供用開始後年数の浅い事業、c. 高度処理の実施、d. 管路施設の計画的な実施
・有収水量当たりの維持管理費が低くなる要因
　a. 適切な維持管理を行っていない場合

図表128　施設利用率

(1) 指標の説明
・事業の進捗率がある程度進んでいるにも関わらず、施設利用率が低い場合、施設効率が低いものと考えられる。
・ここでの施設は水処理施設のみを対象としている。
・終末処理場を有さない流域関連公共下水道には、本指標を適用しない。

(2) 経営指標の算定式
施設利用率（％）＝晴天時平均処理水量÷晴天時処理能力×100

(3) 経営指標値によるランク分け
下水道事業計画策定時に算定している計画汚水量（計画1日平均汚水量、計画1日最大汚水量）による計画上の比率と、晴天時平均処理水量と晴天時処理能力による実績上の比率を比較してランク分けを行う。

	Aランク	Bランク及びCランク
施設利用率	施設利用率が、各事業者において算定した「計画1日平均汚水量／計画1日最大汚水量」の比率を上回るか、同じであること	施設利用率が、各事業者において算定した「計画1日平均汚水量／計画1日最大汚水量」の比率を下回ること

(4) 経営指標値が基準の範囲を下回る要因
a. 部分的に下水処理の開始等をしている場合においては、処理場は整備済みであるが、計画全体の排水施設の一部が整備中であり、処理区域内人口が少ないため、流入水量が少なくなるのが一般的である。
　　また、処理場の整備が流入水量に応じて段階的に行われている場合、その増設工事・供用開始の前後で当該指標の数値が大きく変動する場合がある。
　　このため、速やかな事業の進捗を図り、流入水量を確保し、経営の安定化を図る必要がある。
b. 水洗化率が計画どおりに上がらない場合、水洗化率の向上施策を講じていく必要がある。

　上で述べた各経営指標におけるランク分け等に応じて、具体的要因を把握・分析することになりますが、本ガイドラインでは、それぞれの経営指標に課題がある場合に、効果がある施策を包括的に掲載しており、具体的な施策の選択・決定の具体的な検討が行えるようになっています（図表129参照）。

図表129　経営指標ごとの効果がある施策

経営指標	ランク	対応	具体的要因	効果がある施策 施策
①債務償還年数	A	現状維持		
	B	Aランクを目指す	・元利償還費が多い ・使用料収入不足	施策2-1　適正な下水道使用料への見直し
				施策2-2　接続（水洗化）の促進
				施策2-3　有収率向上対策
				施策2-4　未徴収（滞納）対策
				施策2-5　その他営業収益事業の採用
	C			施策3-1　準建設改良費に対する起債
		Bランクを目指す		施策3-2　分流式下水道等に要する経費の一般会計からの繰入
				施策3-3　繰出基準見直し差額の起債（下水道事業債（特別措置分））
				施策3-4　建設改良費の縮減
				施策3-6　処理場等の統廃合による支出抑制
				施策3-9　アセットマネジメント手法の導入
②⑤経費回収率	A	現状維持		
	B	Aランクを目指す	・元利償還費が多い ・使用料収入不足 ・業務効率化不足	施策2-1　適正な下水道使用料への見直し
				施策2-2　接続（水洗化）の促進
				施策2-3　有収率向上対策
				施策2-4　未徴収（滞納）対策
				施策2-5　その他営業収益事業の採用
				施策3-1　準建設改良費に対する起債
				施策3-2　分流式下水道等に要する経費の一般会計からの繰入
				施策3-3　繰出基準見直し差額の起債（下水道事業債（特別措置分））
	C	Bランクを目指す		施策3-4　建設改良費の縮減
				施策3-5　包括的民間委託の推進
				施策3-6　処理場等の統廃合による支出抑制
				施策3-7　処理場等の業務連携による運転管理費の縮減
				施策3-8　不明水対策
③水洗化率(接続率)	A	現状維持		
	B	Aランクを目指す	・下水道への理解不足 ・住民側の経済的理由	施策2-2　接続（水洗化）の促進
	C	Bランクを目指す		
④管渠の平均年齢		資産の老朽化の状況を確認する目安の指標であり、ランク分けは行わない。	—	施策3-8　不明水対策
				施策3-9　アセットマネジメント手法の導入
⑥有収水量当たりの維持管理費		有収水量当たりの維持管理費は、維持管理の状況を確認する目安の指標であり、ランク分けは行わない	—	施策3-5　包括的民間委託の推進
⑥有収水量当たりの維持管理費		有収水量当たりの維持管理費は、維持管理の状況を確認する目安の指標であり、ランク分けは行わない	—	施策3-6　処理場等の統廃合による支出抑制
				施策3-7　処理場等の業務連携による運転管理費の縮減
				施策3-8　不明水対策
⑦施設利用率	A	現状維持		
	B及びC	Aランクを目指す	・水洗化率（接続率）の低迷（下水道への理解不足・住民側の経済的理由）・事業計画策定時からの状況の変化	施策2-2　接続（水洗化）の促進
				施策3-6　処理場等の統廃合による支出抑制

施策4-1　地方公営企業法の適用…使用料改定やアセットマネジメントの導入に資する情報を得られ、中長期的に経営指標に影響を与える

第3章

下水道事業の経営手法

　なお、総務省では、平成26年（2014年）から、下水道事業を含む各公営企業に、将来にわたって安定的に事業を継続していくための中長期的な経営の基本計画である「経営戦略」の策定を要請しています。経営戦略は「投資試算」と「財源試算」を基にした「投資財政計画」（基本的に10年以上）を策定するとともに、計画期間内の収支均衡のための各種経営改善方策を含めることとされています。令和3年度までの策定率は98%となっていますが、総務省では令和7年度までに経営戦略の改定を要請しています。

3）下水道使用料と下水道経営の課題

　以上、下水道経営の現状、下水道経営改善ガイドラインについて見てきましたが、最後に、下水道使用料と下水道経営の課題について見ていくこととします。

　下水道使用料については、今後の人口減少の進展、増大する改築需要等を見通すと、経営の効率化を徹底することを前提として、そのあり方も課題となってくるでしょう。

　そこで、公共下水道事業（特環関係・特公関係は除く。）について、下水道使用料の実態を見てみると、どの都市区分においても、使用料が平均値を中心に最大値と最小値で一定の幅をもっていることがわかりますが、特に、人口規模の小さい団体ほど、その幅が大きくなる傾向が見て取れます（図表130参照）。

　さらに、より経営実態との関係を見るため、経費回収率の実態を見てみると、どの都市区分においても一定の幅が見られますが、特に、人口規模の小さい団体ほど、その幅が大きくなる傾向が見て取れます（図表131参照）。なお、団体によっては、将来の投資や債務返済等に備え、経費回収率が100%を超える水準になっているところも見られます。

　下水道事業は、その立ち上がり期において処理区域全体が接続できる状況に至っておらず、汚水処理原価が高くなることなどから、総じて、経営環境は厳しい状況にあります。しかしながら、このような事情を斟酌しても、供用開始後、相当の年数が経過しているにもかかわらず、経費回収率で見て、経営実態を踏まえた下水道使用料の設定がなされていない団体も多く見られます（図表132参照）。事業の徹底した効率化や予防保全型維持管理を推進しつつ、下水道使用料についてもその妥当性について検証を行い、必要に応じて見直しを行っていくことも必要でしょう。

図表130　下水道使用料の状況（令和元年度）

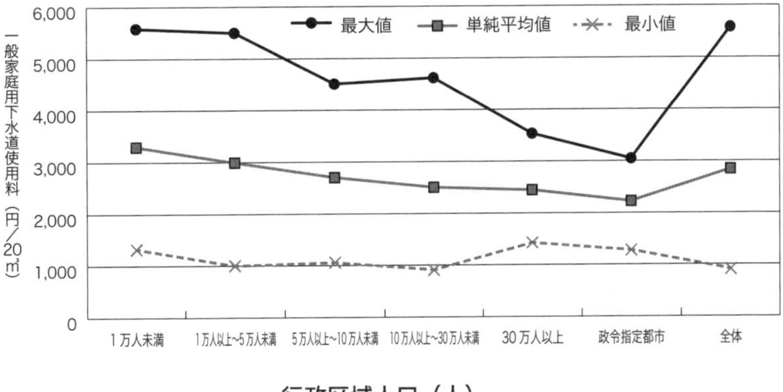

行政区域人口（人）

20㎥使用料	1万人未満	1万人以上～5万人未満	5万人以上～10万人未満	10万人以上～30万人未満	30万人以上	政令指定都市	全体
最大値	5,583	5,500	4,510	4,620	3,534	3,047	5,583
単純平均値	3,297	2,993	2,702	2,505	2,446	2,226	2,842
最小値	1,320	1,000	1,056	908	1,421	1,276	908
標準偏差	807	742	675	700	569	497	764
市町村数	117	539	244	199	52	21	1,172

出典：令和元年度地方公営企業年鑑（総務省）
※公共下水道関係（特環関係、特公関係を除く。）の一般家庭用下水道使用料（円/20㎥・月）

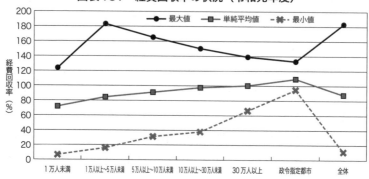

図表131 経費回収率の状況（令和元年度）

行政区域人口（人）

経費回収率	1万人未満	1万人以上 ～5万人未満	5万人以上 ～10万人未満	10万人以上 ～30万人未満	30万人以上	政令指定 都市	全体
最大値	123.9%	183.2%	165.3%	150.2%	139.1%	133.1%	183.2%
単純平均値	71.9%	84.5%	91.1%	97.5%	100.3%	109.3%	88.0%
最小値	6.6%	15.9%	31.5%	38.0%	66.5%	94.6%	6.6%
標準偏差	25.8	23.1	21.7	21.9	16.1	11.2	23.9
市町村数	117	539	244	199	52	21	1,172

出典：令和元年度地方公営企業年鑑（総務省）

※公共下水道関係（特環関係、特公関係を除く。）の経費回収率＝ $\left(\dfrac{\text{使用料単価（円/㎥）}}{\text{汚水処理原価（円/㎥）}} \right)$

図表132 経費回収率と供用開始後経過年数の分布図（令和元年度）

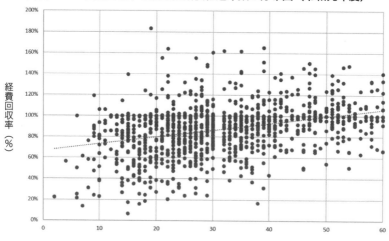

出典：令和元年度地方公営企業年鑑（総務省）（対象は公共下水道事業（特環関係、特公関係を除く。））

第**4**章

下水道の管理運営

1　受益者負担金

　公共下水道が整備されることにより、その利益を受ける土地の所有者等に、受益者として下水道建設費の一部を負担してもらう制度が受益者負担金（分担金を含む。）制度です。受益者負担金の根拠、負担割合、徴収実態については、第3章**2**の**4)** 受益者負担金のところで解説しましたので、ここでは、受益者負担金の徴収事務についてその概要を説明します。

　なお、受益者負担金の徴収事務を詳細に説明したものとして、「受益者負担金（分担金）徴収事務の手引き」（令和3年4月、日本下水道協会）がありますので、適宜参照してください。

1)　受益者の特定

　受益者とは、公共下水道の排水区域内の土地の所有者です。ただし、地上権、質権、使用貸借・賃貸借による権利（一時使用のために設定されたものを除く。）の目的となっている土地については、それぞれ、地上権者、質権者、使用貸借の借主・賃貸借の借主です。工事計画によって予定処理区域が決まった後、現地調査を行い、固定資産税台帳等から対象者を地図上に整理します。

　その後、氏名、権利関係、面積等の内容を最終確認するために、対象者から申告書の提出を求め、これを踏まえ、受益者負担金の決定通知書を送付するのが一般的です。

　負担金については、全部の予定処理区域で同一金額の負担金を課しているところも見られますが、予定処理区域が広範な場合や、地形等により地域によって建設費に相違が生ずる場合には、予定処理区域をいくつかの地域（負担区）に分割して、異なる金額の負担金を課すのが一般的です。

2）受益者負担金の徴収

　受益者が負担する金額は、基本的には、負担区（予定処理区域）の末端管きょ建設費相当額を当該負担区の地積で除して得た額に、当該受益者が所有等する土地の面積を乗じて得られた額としてもとめるのが一般的です。

　徴収を行う時期は、下水道の供用開始年度又はその数年前が一般的であり、また、徴収方法は、3〜5年程度の分割納入方式が一般的です。

　公共用地、公用地等については、下水道整備の受益が不特定多数のものに及ぶため、負担金の減免が行われることが一般的です。国有地等については、旧大蔵省と旧建設省の間で合意の上、通知が発出されています（図表133参照）。その他、農地等に対しては徴収猶予や減免、また、私道等に対しては減免を行っている場合もあります。

図表133　国有地等に対する受益者負担金の取扱い

> 国有地等に対する下水道事業の受益者負担金の取扱について（抜粋）
> 昭和40年3月建設省都市局長通達
> 　国有地等に対する負担金の取り扱いは、次のとおりとする。
> （一）国有地等に対する負担金としては、一般の土地の負担金の額に国有地等の利用種別ごとに、次の率を乗じた額を予算措置することとする。
> 　　イ．国立学校用地　　　　　　　　　　25パーセント
> 　　ロ．国立社会福祉施設用地　　　　　　25パーセント
> 　　ハ．警察法務収容施設用地　　　　　　25パーセント
> 　　ニ．一般庁舎用地　　　　　　　　　　50パーセント
> 　　ホ．国立病院用地　　　　　　　　　　75パーセント
> 　　ヘ．企業用財産となっている土地　　　75パーセント
> 　　ト．有料の国家公務員宿舎用地　　　　75パーセント
> 　　チ．普通財産である土地　　　　　　　100パーセント
> （注1）「国立社会福祉施設」とは、国立身体障害者更生指導所、国立光明寮、国立ろうあ者更生指導所、国立教護院、国立精神薄弱児施設等をいう。
> （注2）「警察法務収容施設」とは、刑務所、拘置所、少年院、少年鑑別所、婦人補導所等をいう。
> （注3）「企業用財産」とは、造幣局特別会計、印刷局特別会計、国有林特別会計、アルコール専売特別会計及び郵便事業特別会計に属する行政財産をいう。

　土地の所有者等が受益者負担金を納付期限までに納付しないときは、納付すべき期限を指定して督促状を発出し、督促しなければなりません。督促を受けた土地の所有者等が督促の期限までに受益者負担金を納付しない場合には、当該期限の翌日から納付日までの日数に応じた延滞金を加算することができます。土地の所有者等が、督促の期限までに受益者負担金を納付しないときは、国税（地方税）の滞納処分の例により滞納処分することができます。滞納処分とは、裁判所の判決等を経ることなく、下水道管理者自らが土地所有者等の財産を差し押え、これを換価し、その換価代金をもって滞納した受益者負担金等に充当する手続です（都市計画法第75条第3項～第5項、地方自治法第231条の3第1項～第3項）。

　負担金、延滞金を徴収する権利は、<u>これらを行使することができる時</u>から5年間行使しないときは時効により消滅します（都市計画法第75条第7項、地方自治法第236条）。

3）受益者負担金をめぐる訴訟

　昭和40～50年代に、受益者負担の賦課処分に対する取消訴訟が全国で提起されましたが、いずれも下水道管理者が全面勝訴し、受益者負担金の適法性が認められています（図表134参照）。

図表134　受益者負担金をめぐる訴訟に係る裁判所の判断

原告の主張	裁判所の判断
1. 憲法 　 第25条違反	・憲法第25条は具体的請求権を付与したものではない。（鎌倉、芦屋） ・特別の私的な利益を生じるから、負担金を徴収するのは合理的。違反ではない。
2. 地方自治法 　 第2条違反	・受益者負担金制度の採用は、国、地方公共団体の政治的裁量に属し、濫用、逸脱がない限り違法とは言えない。
3. 租税法律主義に 　 反す都市計画税 　 との二重課税	・特定事業の経費に充てるため、特定の者に課すもので、租税とは異なる。（芦屋、鎌倉、大和郡山、釧路）
4. 「著しい利益」 　 がない	・快適性等の向上及び土地の資産価値の増加は、明らかに著しい。（大和郡山） ・土地の資産価値の増加は、排他的な私的利益であり、未整備地域の住民等に比し、著しい利益がある。（広島） ・他の住民に比し、日常生活上及び経済上明らかに著しい利益がある。（鎌倉） ・必然的に土地の資産価値の増加をもたらす。それは明らかに著しい利益である。（芦屋、釧路） ・生活汚水、し尿、雨水等が迅速かつ衛生的に処理されることにより、土地の資産価値の増加をもたらす。（行田）
5. 一律賦課は不当	・同一排水区域内の受益を同一とみなしても不合理ではない。 ・利益は、土地そのものに付加され、使用状況とは関係がない。（広島） ・利益は土地そのものに付加され、使用状況とは関係がない。同一排水地域内の受益を同一と見なしても不合理・不公平とは言えない。（芦屋）
6. 不遡及の原則に 　 反す	・賦課時期は立法政策の問題。（鎌倉、行田） ・都市計画法第75条は賦課時期については何ら規定していない。（芦屋）

第4章

下水道の管理運営

被告	提訴	一審判決	一審判決	控訴審	控訴審判決	上告審	上告審判決
北九州市	昭和42年6月12日 昭和47年7月6日	昭和60年3月28日	請求棄却	控訴せず			
広島市	昭和46年4月18日 昭和46年4月28日	昭和56年11月4日	請求棄却	控訴取下			
芦屋市	昭和47年8月1日 昭和47年8月24日 昭和47年9月4日	昭和57年4月30日	請求棄却	昭和58年9月30日	控訴棄却	上告せず	
鎌倉市	昭和47年9月9日 昭和51年9月1日	昭和56年12月23日	請求棄却	昭和59年1月31日	控訴棄却	上告せず	
大和郡山市	昭和47年12月2日 昭和48年12月3日	昭和56年6月26日	請求棄却	昭和60年10月15日	控訴棄却	昭和63年4月21日	上告棄却
行田市	昭和48年5月11日	昭和57年5月14日	請求棄却	控訴せず			
船橋市	昭和56年6月5日	昭和59年9月25日	却下	昭和60年5月28日	控訴棄却	昭和61年3月7日	上告棄却
釧路市	昭和57年12月16日	昭和61年3月18日	請求棄却	昭和62年7月1日	控訴棄却	上告せず	

2　排水設備

　下水道については、公物管理法の中で特色ある制度ですが、下水道法（第10条）に基づき、下水道が供用開始された区域の土地の所有者等は排水設備（下水（汚水・雨水）を下水道に流す施設）を設置する義務を課されています。ここでは、排水設備に関する制度や手続等について説明します。

　なお、排水設備の設計、施工等については、「下水道排水設備指針と解説」（2016年版、日本下水道協会）があり、また、排水設備の接続促進については、「接続促進マニュアル」（平成20年、国土交通省）、「排水設備接続推進事例集」（平成17年、日本下水道協会）があります。さらに、「接続方策マニュアル」（平成28年、日本下水道協会）が発刊され、接続率向上のための最新の接続方策事例やアンケート結果などが掲載されています。これらを適宜参照してください。

1）排水設備とは

　家庭、工場等の下水（汚水、雨水）を、公共下水道に流すために設置される設備を「排水設備」といいます。排水設備は、公共下水道が合流式の場合には、汚水、雨水を合わせて下水管に流すものであり、分流式下水道の場合には、汚水は汚水管、雨水は雨水管に流すものです（**図表135**参照）。

図表135 排水設備（合流式と分流式）

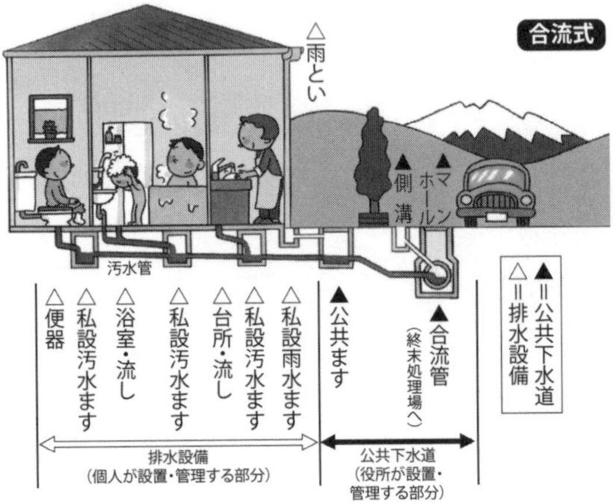

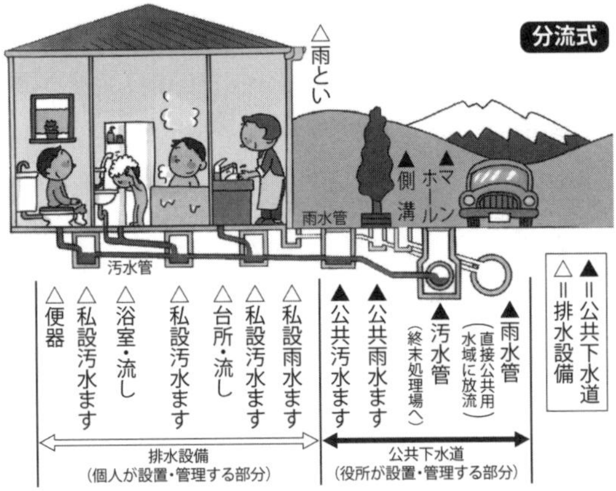

公共下水道は、排水設備が適切に建設・維持管理されてはじめて本来の機能を発揮するものであるため、下水道法においては、排水区域内の土地の所有者等に排水設備を設置するとともに、改築・修繕する義務を課しています（清掃等は占有者の義務）（下水道法第10条第1項・第2項、標準下水道条例第3条）。

公共下水道は原則として地方公共団体が公費で整備するものです

が、排水設備は、このように、原則として、個人・事業者等が私費で自分の敷地に整備します。

2）供用開始の公示

公共下水道が建設され、供用を開始しようとするときには、あらかじめ、供用開始する年月日、下水を流すことができる区域（排水区域）等を公示し、下水道管理者の事務所で一般の閲覧に供する必要があります（下水道法第9条第1項）。供用開始されると、当該排水区域において、先に述べた排水設備の設置が義務付けられるため、供用開始の公示は義務付けの前提となるものです。この公示は、地方公共団体の告示の形式で行うことが多いため、一般的に供用開始の告示といわれます。

3）分流式の供用開始の公示

分流式の場合、汚水管と雨水管が同時に供用開始される場合は、汚水と雨水を別々に汚水管、雨水管に流すこと以外、合流式と異なるところはありませんが、汚水管又は雨水管が先行的に建設される場合には、当然のことながら、汚水管、雨水管それぞれの供用開始に際して、供用開始の公示を出すことが基本となります。

なお、雨水管については、排水設備を設けて宅地の雨水を一旦道路側溝等に排出させる場合でも、当該側溝等を通じて何ら問題なく雨水管に流入されると下水道管理者が認める場合には、接続義務を果たしているものとして取り扱うことも可能であると考えられます。

4）排水設備の設置

公共ますとは、下水道管理者が建設する管きょ（公共下水道）と

宅地内の排水設備の接続点にあるもので、公共下水道の最末端にあたります。公共ますは公道に設置することが基本となりますが、所有権者等から権原を取得して宅地内に設置されることもあります。

　排水設備は、合流式の場合には、汚水と雨水を一つの排水管にまとめて公共汚水ますに取り付けます。また、分流式の場合には、汚水を流す排水管は公共汚水ますに、雨水を流す排水管は公共雨水ます等に取り付けます。

　宅地内では、下水の流れを適切に確保し、点検・清掃がしやすいように、排水管の起点・終点、屈曲点・会合点、管種・管経等が変わる場所等に、ますを設置します。ますが設置できない場合には、点検・清掃のための掃除口を設ける場合もあります。雨水ますについては、浸水対策、地下水涵養等の観点から、雨水を地下に浸透させます(雨水浸透ます)を設置する場合があり、地方公共団体によっては補助金等で支援を行っている場合があります。

　排水管は、自然流下が原則ですので、汚水が支障なく流れる構造となっている必要があります。排水設備の技術的基準については、下水道法で規定されている（下水道法第10条第3項、下水道法施行令第8条）ほか、下水道条例において、管の口径・こう配等が規定されています（標準下水道条例第4条。図表136参照）。

　排水設備は、下水を排除する設備ですので、屋内でも台所、洗面所、浴室、トイレ等で汚水を流す器具までが排水設備に当たることになります。屋内では、排水管からの臭気、害虫等の侵入を防ぐため、管をくねらせて一定部分に下水を封水しておくトラップと呼ばれる装置が設けられます。

図表136 標準下水道条例における排水管の口径・こう配

	排水面積（㎡）	排水管（㎜）（こう配）	
合流式	200未満	100以上（2/100以上）	合流管又は雨水管の場合
	200以上 400未満	125以上（1.7/100以上）	
	400以上 600未満	150以上（1.5/100以上）	
	600以上 1,500未満	200以上（1.2/100以上）	
	1,500以上	250以上（1/100以上）	
	排水人口（人）	排水管（㎜）（こう配）	
分流式	150未満	100以上（2/100以上）	汚水管の場合
	150以上 300未満	125以上（1.7/100以上）	
	300以上 500未満	150以上（1.5/100以上）	
	500以上	200以上（1.2/100以上）	

注）1. 一つの敷地から排除される雨水又は雨水を含む下水の一部を排除すべき排水管で延長3m以下のものの内径は75㎜（こう配3/100以上）とすることができる。
　　2. 管きょのこう配はやむをえない場合を除き、1/100以上とすること。

5）排水設備の確認・検査手続

　排水設備の新設等については、下水道管理者は、事前に設置者から、施工者名、排水設備の設計図面等を記載した書類を提出してもらい、排水設備の設置方法、構造等が法令等に適合するか確認を行います（標準下水道条例第5条）。なお、排水設備の設置に伴い、新たな公共ますの設置が必要となる場合がありますが、公共ますの設置は下水道管理者が行うものですので、この場合、設置者は、確認申請時に公共ますの設置の申請も行うことになります。

　また、排水設備の新設等の工事が完了した場合には、下水道管理者は、設置者から届出を受けて、検査を行い、排水設備等が法令等に適合していると認める場合には、検査済証を交付することとなっています（標準下水道条例第7条）。

6）指定工事店制度

　排水設備の工事が不適切であると、下水の漏水等により使用者の

第4章 下水道の管理運営

生活環境に大きな支障が生じるとともに、汚水の雨水管への誤接続等により下水道機能の発揮に大きな影響を与えることにもなります。

このため、下水道管理者が、排水設備等の工事について一定の技術を有する工事店を指定して、そのものだけに工事を行わせることとしている（指定工事店制度）のが一般的です。

指定工事店の要件としては、専属の排水設備工事責任技術者がいること、排水設備工事に必要な資機材を有していること、当該都道府県内に営業所を有すること等です（標準下水道条例第6条～第6条の13）。

7）排水設備の接続義務の免除

公共下水道の供用が開始された区域では、土地の所有者等に排水設備の接続義務がかかりますが、特別の事情により下水道管理者の許可を受けた場合等については、この限りでないとされています（下水道法第10条第1項ただし書）。

この特例許可については、国土交通省から、排出される下水が公共下水道の終末処理場からの放流水の水質基準に適合していること、義務の履行状況の確認が適切に行えること等が必要である旨、基本的な考え方が示されています（図表137参照）。

図表137　下水道法第10条第1項の運用について（昭和38年2月8日）（抄）

下水道法第10条第1項の運用について（抄）

昭和38年2月8日　建設省都発第19号

法第10条第1項ただし書により義務を免除する場合には、法施行令第6条により、その区域の公共下水道からの放流水につき定められている水質基準によって措置するものとし、かつ、許可にあたっては条件を附し、将来基準に適合しない下水を排除した際は、許可を取消す旨明定するとともに、下水排除状態を常時把握する等の措置を併せて講ずることとされたい。

8）排水設備の接続促進

　排水設備が接続されないと（未接続であると）、公共用水域の水質への悪影響、下水道経営への悪影響、接続済みの者と未接続の者との不公平など、様々な問題が生じることから、接続の促進が図られることが重要です。

　接続率については、全国で見ると、平成25年度末で約94％となっていますが、人口規模の小さい地方公共団体ほど低い値となっており（人口1万人未満の地方公共団体では、約81％）、また、事業経過年数が短い事業ほど低い値となっています（5年未満で約41％、5年以上10年未満で約58％）（図表138参照）。

　このため、接続率が低い団体を中心として、接続促進のための取組を推進していくことが必要です。

　下水道法では、接続義務を課し、強制措置も設けていますが（下水道法第38条第1項第1号、第45条）、経済的困難さをはじめ住民側の事情には様々なものがある中で、強制措置の適用は容易でないという実態に鑑みると、各住民が主体的に下水道に接続してもらうような環境を整えることが何より重要となります。

　接続促進の市町村の取組については、下水道の計画段階、下水道の供用開始段階、下水道の供用開始以降といった段階ごとに住民への適切な情報提供・説明を行うとともに、効果のある接続促進策を講じることがポイントとなります（図表139参照）。

図表138　人口規模別の接続率等（令和元年度）

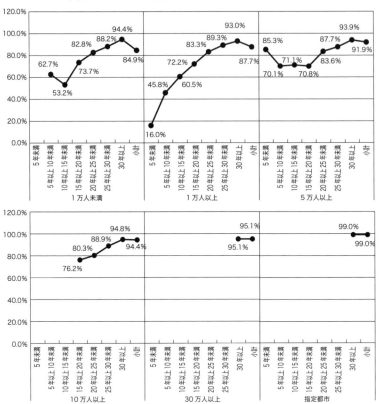

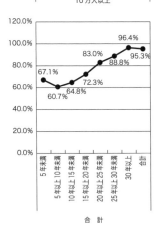

出典：令和元年度地方公営企業年鑑（総務省）をもとに国土交通省作成
※接続率とは、水洗便所設置済人口を処理区域内人口で除したものである。
※公共下水道事業（狭義）を対象としている。

図表139　効果のあった接続促進策

施策を実施した事業者のうち、効果があったと回答した事象者の割合

施策	かなり効果あり	少し効果あり
説明会の充実	30%	63%
水洗化要望の多寡を考慮した面整備	29%	67%
接続費用・水洗化費用の助成	28%	55%
接続費用・水洗化費用の無利子貸付	15%	60%
戸別訪問などによるお願い	14%	65%
印刷物による広報	9%	62%
施設見学会の実施	9%	63%
ＣＡＴＶなどマスメディアによる広報	9%	65%

出典：「下水道経営改善ガイドライン」（平成26年6月、国土交通省・日本下水道協会）における調査結果

3　下水道使用料

　下水道は、先に述べたとおり、一般的な公共事業と異なり、汚水対策に要する経費については、原則として下水道使用料等の私費で賄うこととされています。下水道使用料の根拠、算定方法等については、第3章**3**の**4）**下水道使用料のところで説明しましたので、ここでは、下水道使用料の徴収事務についてその概要を説明します。

　なお、下水道使用料の徴収事務の詳細な説明については、「下水道使用料徴収事務の手引き」及び「受益者負担金（分担金）徴収事務の手引き」（いずれも令和3年4月、日本下水道協会）がありますので、適宜参照してください。

1）使用者、汚水量の把握

　使用料を徴収するに当たっては、まず、使用者の把握を行う必要があります。条例上、公共下水道の使用の開始、休止・廃止等については、下水道管理者に届け出ることになっているのが一般的です

ので、それにより把握するほか、水道の給水契約や個別の実態調査等により使用者の把握を行います。

　使用者が把握できたら、一定期間内に使用者が排出した汚水量を把握する必要があります。ただ、下水道の場合は、一般的に水道で使った水が基本的には下水道に排除されること、使用者毎に汚水排出量を計る装置を取り付けることは多大な費用を要することから、基本的には水道の使用水量を汚水排出量とみなす、すなわち水道部局が計量した使用水量を汚水排出量とみなす取扱いを行っています。

　ただし、水道の使用水量を汚水排出量とみなすことが適当でない場合には、減量の認定を行うことになります。例えば、製氷業等の事業者は、下水道管理者に、減量の認定を申し出ることができ、下水道管理者は、実態を調査して減量率を算定したり、量水器を付けたりして、妥当な汚水排出量を認定します。なお、量水器を付けても不正な配管等により、下水道使用料を免れようとする事案も発生しており、定期的な立入検査等によりチェック体制を設けておく必要があります。

　他方、井戸水、湧き水、再生利用水等を使っている場合には、世帯人員等を調査して推計したり、動力ポンプの稼働時間や給水メーターで推計する等、手法の妥当性、コスト等を勘案して、把握・認定することになります。

2) 納入手続

　使用者ごとの使用料が確定したら、使用者に対して、納入通知書を発出します。納入通知書が使用者に到達したときに、納入通知の効力が生じます。なお、消費税については、下水道使用料も課税対象となりますので、消費税も併せて徴収する必要があります。

　使用者が使用料を納付期限までに納付しないときは、納付すべき期限を指定して督促状を発出し、督促しなければなりません。督促を受けた使用者が督促の期限までに使用料を納付しない場合には、当該期限の翌日から納付の日までの日数に応じた延滞金を加算することができます。使用者が、督促の期限までに使用料を納付しないときは、地方税の滞納処分の例により滞納処分することができます。滞納処分とは、裁判所の判決等を経ることなく、下水道管理者自らが使用者の財産を差し押え、これを換価し、その換価代金をもって滞納使用料等に充当する手続です（地方自治法第231条の3第1項〜第3項）。

　使用料、延滞金を徴収する権利は、これらを行使することができる時から5年間行使しないとき、時効により消滅します（地方自治法第236条）。

　具体的な徴収事務については、水道部局に、水道料金の徴収と併せて徴収を依頼することが多く見られます。依頼の内容については、使用者・使用料を個別に指定して依頼するものから、汚水排出量の認定から告知・収納・統計データ作成に至るまで依頼するものまで、様々なケースがあります。

4　水質規制

　下水道法における水質規制については、水質汚濁防止法等の水質規制法との関係を踏まえ理解することが必要であるため、ここでは、まず、水質規制に関する法律の制定・改正の経緯や水質汚濁防止法等の概要を説明した上で、下水道法における水質規制の概要や指導・監督事務の概要について説明することとします。

1）水質規制に関する法制定・改正の経緯

① 公共用水域の水質の保全に関する法律・工場排水等の規制に関する法律の制定（昭和33年（1958年））

　公共用水域の水質保全については、本州製紙江戸川工場事件が一つの契機となり、昭和33年12月に「公共用水域の水質の保全に関する法律」（経済企画庁所管。対象水域・基準の設定、遵守義務等を規定。公共下水道等からの放流水も対象）、「工場排水等の規制に関する法律」（通商産業省等所管。事業者に対する監督規制等を規定）が制定され、公共用水域のうち、水質汚濁が原因となって人の健康や生活環境等に重大な支障を及ぼすおそれのある指定水域に関して、工場排水等の水質規制が行われることとなりました。

　これらの法律が制定される前（昭和33年4月）、新下水道法が制定されましたが、新下水道法では、これら法律の水質規制を先取りする形で、

・公共下水道からの放流水の水質基準を政令で定める

・放流水の水質基準を確保するため、終末処理場で除去できない物質を排出する者に対しては、障害を除去させる施設（除害施設）を設置すること等を義務付ける

等の規定が設けられました。これらの規定は、下水道の世界の中で、水質規制の制度を正面から導入するもので、その後の環境法としての下水道法が確立されていく上で大きな一歩となっています。

　なお、このような最低限の水質基準ではなく、人の健康や生活環境にとって維持されることが望ましい「水質環境基準」については、昭和42年（1967年）に制定された公害対策基本法（現：環境基本法）において、政府は基準を定めるものとされましたが、政府における様々な検討を経て、昭和45年（1970年）に、水質汚濁に係る環境基準が閣議決定されました。

②　水質汚濁防止法の制定・下水道法の改正（昭和45年（1970年））

その後、公共用水域の水質保全をめぐっては、全国的に水質汚濁問題が深刻化し、これまでの法制度では対応が困難となってきたことから、昭和45年（1970年）、いわゆる公害国会（昭和45年11月〜12月）で、新たに水質汚濁防止法が制定されました。

この法律により、

・規制対象の水域を個々に指定していた方式を改め、公共用水域の全てを規制の対象とする

・排水基準に違反した場合には、まず改善命令等を行い、これに反した場合に罰則が適用されていたのを改め、排水基準に違反した場合にはただちに罰則が適用されることとする

・都道府県が条例で上乗せ排水基準を定めることができることとする

・監督権限を都道府県知事に一元化することとする

等の水質規制制度の見直しが行われました。なお、下水道については、水質汚濁防止法の規制対象施設として下水道の終末処理場が入るとともに、家庭・工場等から終末処理場を有する下水道へ汚水を排除することは水質汚濁防止法の規制対象にはならないという法的整理がなされました。

また、同じ公害国会で、下水道法も、水質汚濁問題に対応するため、大幅な改正が行われました。この下水道法の改正により、

・公共下水道の汚水について、終末処理場での処理を必須とする

・「水質環境基準」を達成するため、都道府県が流域別下水道整備総合計画を定め、事業計画の審査段階で適合性をチェックする制度を設ける

・除害施設の設置等を義務付ける対象者を、継続して問題ある下水を排除する使用者から問題ある下水を排除する使用者に拡大する

第4章
下水道の管理運営

・継続して一定の下水を排除する者に対して、水質の測定を義務付ける

等の見直しが行われました。

③ 下水道法の改正（昭和51年（1976年））

　以上のような法律の制定・改正により、水質保全法制の基本的な枠組みが整備されましたが、下水道法については、水質汚濁防止法の水質規制の仕組みより緩やかな規制の仕組みとなっている面が課題としてありました。このため、昭和51年（1976年）には、下水道法の水質規制について水質汚濁防止法と同等レベルの仕組みとする観点から、下水道法の改正が行われました。この下水道法の改正により、

・工場等（水質汚濁防止法の特定施設（汚水等を排出する一定の施設）を設置しているもの）から下水を排除する者は、政令で定める一定の基準に適合しない水質の下水を公共下水道に排除してはならないものとし、違反した場合にはただちに罰則が適用されることとする

・工場等から下水を排除して公共下水道を使用する者は、水質汚濁防止法の特定施設の設置等をしようとするときは、公共下水道管理者に届け出なければならないものとし、届出から60日以内に限り計画変更等を命じることができるものとする

・公共下水道管理者又は流域下水道管理者は、水質汚濁防止法の特定施設を設置している工場等が、その水質が基準に適合しない下水を排除するおそれがあるときは、所要の改善措置等を命じることができるものとする

等の見直しが行われました。

④ 水質汚濁防止法の改正（昭和53年（1978年））

昭和53年（1978年）には、東京湾、伊勢湾、瀬戸内海等の閉鎖性水域の水質環境基準の達成がなお困難な状況にあることを踏まえ、新たな水質保全策として、汚濁負荷量の総量を一定量以下に削減する、いわゆる「水質総量規制制度」を創設するため、水質汚濁防止法の改正が行われました。具体的には、

・内閣総理大臣は、政令で定める閉鎖性水域（東京湾、伊勢湾等）について、汚濁負荷量（COD、窒素・りん）の総量削減に関する基本方針を定めることとする

・都道府県知事は、基本方針に基づき総量削減計画、指定地域内の一定規模以上の工場等が遵守すべき総量規制基準を定めなければならないものとする

・総量規制の実効性を担保するため、事前措置命令、改善措置命令等の規定を整備する

等が行われました。なお、瀬戸内海のCODの総量削減については、昭和40年（1965年）に制定された瀬戸内海環境保全臨時措置法があったため、これを恒久法化（瀬戸内海環境保全特別措置法）するという対応が、水質汚濁防止法の改正と併せて行われました。

⑤ ダイオキシン類対策特別措置法の制定・下水道法の改正（平成11年（1999年））

平成11年（1999年）には、ダイオキシン類対策特別措置法が制定され、ダイオキシン類の排出規制の法制が整備されましたが、下水道法も同時に改正され、下水道法においても、ダイオキシン類に対して、水質汚濁防止法の水質規制と同等レベルの規制措置が講じられることとなりました。

2) 水質汚濁防止法・ダイオキシン類対策特別措置法の概要

① 水質汚濁防止法の概要

水質汚濁防止法は、工場、事業場から公共用水域に排出される水の排出等を規制するとともに、生活排水対策の実施を推進することなどによって、公共用水域等の水質の汚濁の防止を図ることを目的としています（水質汚濁防止法第1条）。

本法の公共用水域とは、河川、湖沼、港湾、沿岸海域その他公共の用に供される水域、これに接続する公共溝きょ、かんがい用水路その他公共の用に供される水路です（水質汚濁防止法第2条第1項）。なお、終末処理場で汚水の処理を行う公共下水道・流域下水道は公共用水域の対象となっておらず、下水道法の水質規制制度で対応が行われることとなっています。

また、本法は、特定施設（汚水等を排出する政令で定める一定の施設）を設置している工場、事業場から公共用水域に排出される汚水等を規制していますが、特定施設に下水道の終末処理場が指定されているので（水質汚濁防止法第2条第2項、同法施行令別表第1第73号）、終末処理場からの放流水は本法の規制を受け、水質は本法の排水基準に適合しなければなりません（水質汚濁防止法第12条）。

本法の排水基準は、有害物質の種類ごとに、又はその他の汚染状態の項目ごとに定める汚染状態の許容限度であって、具体的には、環境省令で定められています（水質汚濁防止法第3条第1項、排水基準を定める総理府令、**図表140**参照。下水道に関する水質規制基準の全体像については、209ページの**図表142**、213ページの**図表143**参照）。この排出基準は、全国の公共用水域に一律に適用され、一律排水基準といわれています。

図表140　水質汚濁防止法の一律排出基準

■有害物質

有害物質の種類	許容限度
カドミウム及びその化合物	0.03mgCd/L
シアン化合物	1mgCN/L
有機燐化合物（パラチオン、メチルパラチオン、メチルジメトン及びEPNに限る。）	1mg/L
鉛及びその化合物	0.1mgPb/L
六価クロム化合物	0.5mgCr（VI）/L
砒素及びその化合物	0.1mgAs/L
水銀及びアルキル水銀その他の水銀化合物	0.005mgHg/L
アルキル水銀化合物	検出されないこと
ポリ塩化ビフェニル	0.003mg/L
トリクロロエチレン	0.1mg/L
テトラクロロエチレン	0.1mg/L
ジクロロメタン	0.2mg/L
四塩化炭素	0.02mg/L
1,2-ジクロロエタン	0.04mg/L
1,1-ジクロロエチレン	1mg/L
シス-1,2-ジクロロエチレン	0.4mg/L
1,1,1-トリクロロエタン	3mg/L
1,1,2-トリクロロエタン	0.06mg/L
1,3-ジクロロプロペン	0.02mg/L
チウラム	0.06mg/L
シマジン	0.03mg/L
チオベンカルブ	0.2mg/L
ベンゼン	0.1mg/L
セレン及びその化合物	0.1mgSe/L
ほう素及びその化合物	海域以外の公共用域に排出されるもの	10mgB/L
	海域に排出されるもの	230mgB/L
ふっ素及びその化合物	海域以外の公共用水域に排出されるもの	8mgF/L
	海域に排出されるもの	15mgF/L
アンモニア、アンモニウム化合物、亜硝酸化合物及び硝酸化合物	アンモニア性窒素に0.4を乗じたもの、亜硝酸性窒素及び硝酸性窒素の合計量	100mg/L
1,4-ジオキサン	0.5mg/L

（備考）
1. 「検出されないこと。」とは、第2条の規定に基づき環境大臣が定める方法により排出水の汚染状態を検定した場合において、その結果が当該検定方法の定量限界を下回ることをいう。
2. 砒（ひ）素及びその化合物についての排水基準は、水質汚濁防止法施行令及び廃棄物の処理及び清掃に関する法律施行令の一部を改正する政令（昭和49年政令第363号）の施行の際現にゆう出している温泉（温泉法（昭和23年法律第125号）第2条第1項に規定するものをいう。以下同じ。）を利用する旅館業に属する事業場に係る排出水については、当分の間、適用しない。
※「環境大臣が定める方法」＝昭49環告64（排水基準を定める省令の規定に基づき環境大臣が定める排水基準に係る検定方法）

■その他の項目

有害物質の種類		許容限度
水素イオン濃度（水素指数）（pH）	海域以外の公共用水域に排出されるもの	5.8以上8.6以下
	海域に排出されるもの	5.0以上9.0以下
生物化学的酸素要求量（BOD）		160mg/L（日間平均120mg/L）
化学的酸素要求量（COD）		160mg/L（日間平均120mg/L）
浮遊物質量（SS）		200mg/L（日間平均150mg/L）
ノルマルヘキサン抽出物質含有量（鉱油類含有量）		5mg/L
ノルマルヘキサン抽出物質含有量（動植物油脂類含有量）		30mg/L
フェノール類含有量		5mg/L
銅含有量		3mg/L
亜鉛含有量		2mg/L
溶解性鉄含有量		10mg/L
溶解性マンガン含有量		10mg/L
クロム含有量		2mg/L
大腸菌群数		日間平均3000個/cm³
窒素含有量		120mg/L（日間平均60mg/L）
燐含有量		16mg/L（日間平均8mg/L）

（備考）
1. 「日間平均」による許容限度は、1日の排出水の平均的な汚染状態について定めたものである。この表に掲げる排水基準は、1日当たりの平均的な排出水の量が50立方メートル以上である工場又は事業場に係る排出水について適用する。
2. 水素イオン濃度及び溶解性鉄含有量についての排水基準は、硫黄鉱業（硫黄と共存する硫化鉄鉱を採掘する鉱業を含む。）に属する工場又は事業場に係る排出水については適用しない。
3. 水素イオン濃度、銅含有量、亜鉛含有量、溶解性鉄含有量、溶解性マンガン含有量及びクロム含有量についての排水基準は、水質汚濁防止法施行令及び廃棄物の処理及び清掃に関する法律施行令の一部を改正する政令の施行の際現にゆう出している温泉を利用する旅館業に属する事業場に係る排出水については、当分の間、適用しない。
4. 生物化学的酸素要求量についての排水基準は、海域及び湖沼以外の公共用水域に排出される排出水に限って適用し、化学的酸素要求量についての排水基準は、海域及び湖沼に排出される排出水に限って適用する。
5. 窒素含有量についての排水基準は、窒素が湖沼植物プランクトンの著しい増殖をもたらすおそれがある湖沼として環境大臣が定める湖沼、海洋植物プランクトンの著しい増殖をもたらすおそれがある海域（湖沼であって水の塩素イオン含有量が1リットルにつき9,000ミリグラムを超えるものを含む。以下同じ。）として環境大臣が定める海域及びこれらに流入する公共用水域に排出される排出水に限って適用する。
6. 燐（りん）含有量についての排水基準は、燐（りん）が湖沼植物プランクトンの著しい増殖をもたらすおそれがある湖沼として環境大臣が定める湖沼、海洋植物プランクトンの著しい増殖をもたらすおそれがある海域として環境大臣が定める海域及びこれらに流入する公共用水域に排出される排出水に限って適用する。
※「環境大臣が定める湖沼」＝昭60環告27（窒素含有量又は燐含有量についての排水基準に係る湖沼）
※「環境大臣が定める海域」＝平5環告67（窒素含有量又は燐含有量についての排水基準に係る海域）

　また、水域によっては、地域条件から一律基準では十分に水質汚濁の防止が図れないことも考えられるため、都道府県が条例で一律排水基準よりも厳しい排水基準（上乗せ排水基準）を定めることができることとされています（水質汚濁防止法第3条第3項）。

　上記の排出基準を遵守させるための措置として、

①　特定施設の届出・計画変更命令等の措置（水質汚濁防止法第5条第1項、第8条第1項等）

②　特定施設の設置後に排出基準違反のおそれがある場合の改善命令等の措置（水質汚濁防止法第13条第1項）

③　排出基準違反に対する罰則（いわゆる「直罰」：基準違反に対する改善命令等を経ずに、基準違反をもってただちに罰則を課することが可能）の適用（水質汚濁防止法第12条第1項、31条第1項第1号）

が設けられています。

　排出基準による規制とは別に、生活・事業活動に伴う排出水が大量に流入する閉鎖性の公共用水域で政令で定める指定地域については、汚濁負荷量の総量を削減するため、いわゆる「総量規制制度」が設けられています（水質汚濁防止法第4条の2）。総量規制制度は、東京湾、伊勢湾、瀬戸内海において、COD（化学的酸素要求量）、窒素、りんを対象として行われています。

　上記の総量規制基準を遵守させるための措置として、

①　特定施設の届出・計画変更命令等の措置（水質汚濁防止法第5条第1項、第8条の2等）

②　特定施設の設置後に総量規制基準違反のおそれがある場合の改善命令等の措置（水質汚濁防止法第13条第3項）

が設けられています。なお、総量規制基準については、基準の遵守義務が規定されていますが（水質汚濁防止法第12条の2）、排出基準

のように、基準違反に対して直罰を課す制度がありません。

　その他、生活排水の排出による公共用水域の水質汚濁を防止するため、生活排水対策推進計画の制度が設けられています。都道府県知事は、水質環境基準が確保されていない等生活排水対策の実施が必要な地域を生活排水対策重点地域に指定しなければならないとされ（水質汚濁防止法第14条の8）、また、生活排水対策重点地域が指定された場合には、市町村は、生活排水対策推進計画を定めなければならないとされています（水質汚濁防止法第14条の9）。ただし、市町村の生活排水を排出する者に対する措置は、指導・助言・勧告にとどまっています（水質汚濁防止法第14条の11）。

②　ダイオキシン類対策特別措置法の概要

　ダイオキシン類等対策特別措置法は、工場、事業場から大気中や公共用水域に排出されるガス・水の排出を規制することなどにより、ダイオキシン類による環境汚染の防止等を図ることを目的としています。

　本法の公共用水域とは、水質汚濁防止法の公共用水域と同じです（ダイオキシン類対策特別措置法第2条第4項）。なお、水質汚濁防止法と同様、終末処理場で汚水の処理を行う公共下水道・流域下水道は公共用水域の対象となっておらず、下水道法の水質規制制度で対応が行われることとなっています。

　また、本法は、特定施設（ダイオキシン類を発生・大気中に排出し、又はこれを含む汚水等を排出する政令で定める一定の施設）を設置している工場、事業場から排出される汚水等を規制していますが、特定施設に下水道の終末処理場が指定されていますので（ダイオキシン類対策特別措置法第2条第2項、同法施行令別表第2第18号）、終末処理場からの放流水は本法の規制を受け、水質は本法の排水基準（ダ

イオキシン類：10pg／L）に適合しなければなりません（ダイオキシン類対策特別措置法第20条第1項）。

また、地域条件から一律基準では十分に対応が図れないことも考えられるため、都道府県が条例で一律排水基準よりも厳しい排水基準（上乗せ排水基準）を定めることができることとされています（ダイオキシン類対策特別措置法第8条第3項）。

3）下水道の放流水の水質基準

放流水の水質基準は、具体的には、下水道法施行令で決められていますが、雨水の影響が少ない時においては、①水素イオン濃度、②大腸菌群数、③浮遊物質量、④BOD（生物化学的酸素要求量）、⑤窒素含有量、⑥りん含有量の6項目が挙げられています。

このうち、全国一律で決められる項目は、①水素イオン濃度（水素指数5.8以上8.6以下）、②大腸菌群数（3,000個／㎤以下）、③浮遊物質量（40mg／L以下）となっています。また、下水道管理者が「計画放流水質」を踏まえた数値として定める項目は、④BOD（生物化学的酸素要求量）、⑤窒素含有量、⑥りん含有量となっています。「計画放流水質」とは、水処理施設の構造基準として、下水道管理者が放流先の河川、海域等の状況や流域別下水道整備総合計画等を考慮して、④BOD（生物化学的酸素要求量）〈15mg／L以下より厳しい基準〉、⑤窒素含有量〈20mg／L以下より厳しい基準〉、⑥りん含有量〈3mg／L以下より厳しい基準〉について定めるものです（下水道法施行令第6条第1項、下水道法施行規則第4条の2）。計画放流水質と処理方法の対応関係は、**図表141**のとおりです。

なお、合流式の場合、降雨による雨水の影響が大きい時には、各吐口における放流水の水質基準は、各吐口の全体量で40mg／L（BOD）以下であればよいとされています（下水道法施行令第6条第2項）。

図表141　計画放流水質の区分に対応した処理方法

計画放流水質（単位　mg/L）

処理方法 ＼ 計画放流水質	生物化学的酸素要求量：一〇以下					一〇を超え一五以下			一五を超え二〇以下		
窒素含有量	一〇以下			一〇を超え二〇以下		二〇以下			二〇以下		
燐含有量	〇・五以下	〇・五を超え一以下	一以下	一以下	一を超え三以下	一以下	一を超え三以下	三以下	一以下	一を超え三以下	三以下
標準活性汚泥法等[注1]											◎
急速濾過法を併用								◎			○
凝集剤を添加										○	○
凝集剤を添加，急速濾過法を併用							○	○	○	○	○
循環式硝化脱窒素法等[注2]										◎	
有機物を添加											○
急速濾過法を併用						◎			○		○
凝集剤を添加									◎	◎	○
有機物を添加，急速濾過法を併用			◎			○			○		○
有機物を添加，凝集剤を添加										○	○
凝集剤を添加，急速濾過法を併用			◎	○	○	○	○	○	○	○	○
有機物及び凝集剤を添加，急速濾過法を併用	◎	◎	○	○	○	○	○	○	○	○	○
嫌気好気性活性汚泥法										◎	
急速濾過法を併用								◎	◎		○
凝集剤を添加										○	○
凝集剤を添加，急速濾過法を併用							◎	◎	○	○	○
嫌気無酸素好気法									◎	◎	○
有機物を添加										○	○
急速濾過法を併用						◎	◎		◎		○
凝集剤を添加											○
有機物を添加，急速濾過法を併用			◎	◎					○	○	
有機物を添加，凝集剤を添加										○	○
凝集剤を添加，急速濾過法を併用						◎	○	○	○	○	○
有機物及び凝集剤を添加，急速濾過法を併用	◎	◎	○	○	○	○	○	○	○	○	○
循環式硝化脱窒型膜分離活性汚泥法			◎			○			○		○
凝集剤を添加	○	◎	◎	○	○	○	○	○	○	○	○

注1）標準活性汚泥法等とは，以下の7つの方法を指す。標準活性汚泥法，オキシデーションディッチ法，長時間エアレーション法，回分式活性汚泥法，酸素活性汚泥法，好気性ろ床法，接触酸化法
注2）循環式硝化脱窒素法等とは，以下の4つの方法を指す。循環式硝化脱窒素法，硝化内生脱窒素法，ステップ流入式多段硝化脱窒素法，高度処理オキシデーションディッチ法
◎　令第5条の5第1項第2号に示された処理方法

第4章　下水道の管理運営

また、先にも述べたとおり、下水道の終末処理場は、水質汚濁防止法、ダイオキシン類等特別対策法の規制対象となるため、終末処理場からの放流水の水質基準（下水道法第8条、第25条の30）は、これに適合している必要があります。

放流水の水質基準と水質汚濁防止法の排出基準（省令による一律排出基準、条例による上乗せ排出基準）、ダイオキシン類等対策特別措置法の排出基準（省令による一律基準、条例による上乗せ排出基準）との関係については、上記の放流水の水質基準（①～⑥）と比べ横出し・上乗せがある場合には、その基準が放流水質の基準となるとされており、水質汚濁防止法、ダイオキシン類対策特別措置法の規制が制度上遵守されることとなっています（下水道法施行令第6条第3項・第4項）。

下水道に関する水質規制基準の全体像については、214～227ページの図表144、図表145を参照してください。

4）下水道法の水質規制

① 下水道への下水の排出基準（いわゆる直罰の対象）、特定施設の設置の届出

先にも述べたとおり、終末処理場で汚水の処理を行う公共下水道・流域下水道は公共用水域の対象となっていないため、終末処理場で処理困難な物質については、下水道法に基づき、水質汚濁防止法やダイオキシン類対策特別措置法における水質規制と同様の水質規制の手法により、水質規制が行われることになっています。

具体的には、特定施設（水質汚濁防止法・ダイオキシン類対策特別措置法上の汚水等を排出する一定の施設）を設置する特定事業場（工場、事業場）から下水を排除して公共下水道・流域下水道を使用する者は、原則として、排出口において政令で定める基準に適合しな

い下水を排除してはならないとされており（下水道法第12条の2第1項、第25条の30）、この規定に違反した場合には直罰も可能となっています（下水道法第46条）。この政令で定める基準は、放流水を放流水の水質基準に適合させるために、終末処理場で処理が困難な物質について基準を定めたものです（下水道法第12条の2第2項、第25条の30、下水道法施行令第9条の4。下水道に関する水質規制基準の全体像については、214〜227ページの**図表144**、**図表145**参照）。

　終末処理場で処理可能な物質についても、処理場の処理能力等を勘案して、条例で特定事業場から公共下水道・流域下水道に排除される下水の水質の基準を定めることができるとされています（下水道法第12条の2第3項、第25条の30）。特定事業場から下水を排除して公共下水道を使用する者は、原則として、排出口において条例で定める基準に適合しない下水を排除してはならないとされており（下水道法第12条の2第5項、第25条の30）、この規定に違反した場合にも直罰は可能となっています（下水道法第46条）。条例で定める基準については、政令でその項目と範囲が定められています（下水道法施行令第9条の5、下水道に関する水質規制基準の全体像については、214〜227ページの**図表144**、**図表145**参照）。

　公共下水道管理者・流域下水道管理者は、これら政令・条例に定める基準に適合しない下水を排除するおそれがあると認めるときは、改善命令等を命じることができるとしています（下水道法37条の2）。また、この命令に違反した者は、行政罰が科されることになります（下水道法第45条）。

　また、特定事業場から人の健康被害や生活環境被害を生じるおそれのある物質等が公共下水道に流入する事故が発生したときは、当該使用者は、応急の措置を講ずるとともに、事故の状況、講じた措置の概要を公共下水道管理者・流域下水道管理者に届け出なければ

ならないことになっています（下水道法第12条の9第1項、第25条の30）。また、公共下水道管理者・流域下水道管理者は、応急の措置を講じていないと認めるときは、応急措置を講ずべきことを命じることができ、この命令に違反した場合には、行政罰を科すことができることになっています（下水道法第12条の9第2項、第25条の30、第46条）。

さらに、工場、事業場から継続して下水を排除して公共下水道を使用する者が、特定施設を設置しようとするときは、公共下水道管理者・流域下水道管理者に特定施設の内容、特定施設から排出される汚水の処理方法等を届け出なければならないことになっています（下水道法12条の3、第25条の30）。また、公共下水道管理者・流域下水道管理者は、届出内容が政令・条例で定める基準に適合しないと認めるときは、届出から60日以内に計画の変更等を命じることができ、この命令に違反した場合には、行政罰を科すことができることになっています（下水道法第12条の5、第25条の30、第45条）。この届出制度により、水質基準の違反に関して、事後対応だけでなく事前対応も可能となっています。

なお、以上の水質規制の仕組み（**図表142**参照）については、水質汚濁防止法、ダイオキシン類対策特別措置法と同様のものとなっています。

図表142　下水道法の水質規制の仕組み

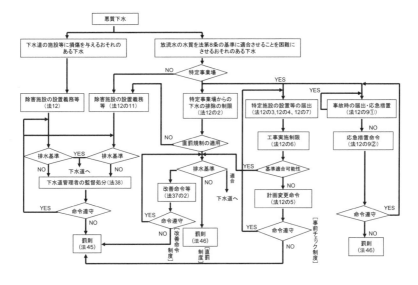

②　除害施設の設置

　以上の他に、公共下水道管理者・流域下水道管理者は、終末処理場からの放流水の水質基準を確保するため、上記①の対象とならない事業場等であっても、継続して一定の下水を排除する者に、条例で、除害施設の設置等を義務付けることができることとされています（下水道法第12条の11、第25条の30。下水道に関する水質規制基準の全体像については、214〜227ページの**図表144、図表145**参照)。この規制は、①のように違反者に直罰を科すことはできず、まず、監督処分を行い（下水道法第38条）、この監督処分に違反した者に、行政罰が科されることになります（下水道法第45条）（**図表142**参照)。

　また、これまで述べた終末処理場からの放流水の水質基準の確保の観点だけでなく、著しく公共下水道の施設の機能を妨げ、損傷するおそれがある場合には、公共下水道管理者・流域下水道管理者は、

下水を下水道へ継続して排除する使用者に対して、政令で定める基準に従い、条例で除害施設の設置等を義務付けることとされています（下水道法第12条、第25条の30。下水道に関する水質規制基準の全体像については、214〜227ページの**図表144**、**図表145**参照）。この規制は、②のように違反者に直罰を科すことはできず、まず、監督処分を行い（下水道法第38条）、この監督処分に違反した者に、行政罰が科されることになります（下水道法第45条）。この規制は、終末処理場に接続していることが要件になっていないため、分流式の雨水管も対象となります（**図表142**参照）。

なお、以上の除害施設の設置については、下水道法上、事前の届出制度は規定されていませんが、規制の実効性を高めるため、条例で事前届出を規定することが一般的です（標準下水道条例第12条）。

③ 水質管理責任者制度

水質管理責任者制度とは、事業者に特定施設や除害施設の維持管理を行う責任者を選任してもらって、届出させる制度です。事業者において、特定施設や除害施設に関する自主的な管理体制を確立することにより、水質管理の適正化を図るための制度であり、この制度が設けられることが一般的です（標準下水道条例第11条）。

水質管理責任者は、地方公共団体が実施する水質管理に関する講習等を受けた者から選任されることになっており、水質管理責任者は、下水道管理者の指導等に対する窓口や、周辺住民等からの苦情等に対する窓口となる者です。

5) 指導・監督事務

以上のとおり、下水道法の水質規制事務については、水質汚濁防止法等における水質規制と同様の事務を下水道の排水区域全域の特

定事業場に対して行うとともに、水質汚濁防止法等の対象とならない事業場に対する規制や下水道施設の機能確保等の観点から規制も行うもので、大変重要な事務です。ここでは、事務を適切に行う上で重要となる指導・監督事務の概要について説明します。

なお、下水道法の水質規制事務の詳細な説明については、「事業場排水指導指針」（2002年版、日本下水道協会）がありますので、適宜参照ください。

①　事業場に対する周知、指導

対象となる事業場に対して、下水道法の水質規制の内容について周知を図ることが、まず必要となります。周知方法については、パンフレットを事業場に配布して説明したり、必要に応じて説明会を開催したりすること等が考えられます。

事業者に水質規制の内容について理解をしてもらった上で、特定事業場に対しては、特定施設から排出される汚水を適切に処理する施設の設置等を行ってもらい、また、除害施設の設置等を行うべき事業場に対しては、除害施設の設置等を行ってもらうよう、粘り強く指導を行うことが必要です。また、特定事業場に対しては、水質の測定と記録を行うことが義務となっていますので、その実施を指導することも必要です（下水道法第12条の12）。

②　事業場に対する監視、立入検査

事業場に対する日頃からの監視や立入検査は、基準に違反した下水の下水道への流入防止に非常に重要な取組です。監視等については、重点対象の事業場をどのように設定するかにもよりますが、一般的には、最低でも年間1〜2回の監視等が必要であるといわれています。

監視、立入検査においては、事業場から排出される下水が基準に合致しているか、公共下水道への排出口（公共ます）や、基準違反下水の原因を確認するための場所（放流槽、私設ます、採水ピット等）で下水を採水して確認します。原則として、採取する下水は、下水の水質が最も悪いと考えられる時刻に、水深の中層部から採取するものとされています。

事業場への立入検査については、下水道管理者が、特定施設、除害施設等の検査を行うために、下水道法上、必要な限度において行うことができるとされています（人の住居については、居住者の事前の承諾が必要）（下水道法第13条）。検査を拒み、妨げ、又は忌避した者には、行政罰が科されます（下水道法第49条第4号）。

③ 違反事業場に対する指導、処分

基準に違反した下水を排出している事業場については、違反事実の内容や個別事情を踏まえ、適切な措置を講ずる必要があります。

直罰を科すことができる特定事業場における案件で、悪質性が特に高い事案については、改善命令を経ずに、直接、告発（下水道法第12条の2第1項、第5項の基準違反、下水道法第46条）を行う場合もあります。

違反の程度が低く、速やかに基準に適合させることが可能なときは、注意書の交付で済ませることも考えられますが、違反の程度がある程度高いときは、改善計画書の提出を求め、改善期限内に改善措置を講じさせることを求める警告書を交付します。

警告書を交付したにもかかわらず、改善計画書を提出せず、提出しても改善措置を講じない事業場に対しては、再度採水により確認を行い、改善命令等の行政処分を行うことになります。

行政処分（不利益処分）については、行政手続法に準じた行政手

続条例に基づき、あらかじめ、処分を行うか否かの基準を定め、公表しておくとともに、処分を行うに当たっては、処分を行う理由を示す必要があります。また、行政処分の相手には弁明の機会を与えなければなりません。

　改善命令等の行政処分を行った場合には、期限内に改善措置が行われているか確認を行い、仮に、改善措置が行われていない場合には、告発を行う場合もあります（下水道法第37条の2違反、下水道法第45条）（図表143参照）。

第4章
下水道の管理運営

図表143　違反事業場に対する指導、処分のフロー（一般的なイメージ）

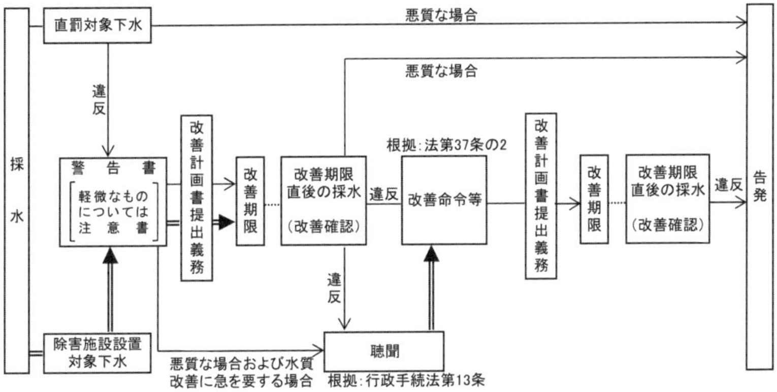

注）1 ──→ は直罰対象下水の、━━▶ は除害施設設置対象下水の場合の、それぞれ、一般的な規制のながれを示す。
注）2 事業場に立入り、採水した場合、その分析結果は、「水質結果通知書」により当該事業場へ通知する。

図表144 下水道に関する水質規制基準

		下水道終末処理施設	公共・流域下水道	
			公共用水域又は海域	
			放流水の水質確保	
		水質汚濁防止法 ダイオキシン対策法【省令一律基準】	放流水質の基準【政令一律基準】	
			分流式汚水管、合流式（雨水影響少）	合流式（雨水影響大）
有害物質に係る項目	カドミウム及びその化合物	0.03以下	0.03以下	—
	シアン化合物	1以下	1以下	—
	有機燐化合物	1以下	1以下	—
	鉛及びその化合物	0.1以下	0.1以下	—
	六価クロム化合物	0.5以下	0.5以下	—
	砒素及びその化合物	0.1以下	0.1以下	—
	水銀及びアルキル水銀その他の水銀化合物	0.005以下	0.005以下	—
	アルキル水銀化合物	検出されないこと	検出されないこと	—
	ポリ塩化ビフェニル	0.003以下	0.003以下	—
	トリクロロエチレン	0.1以下	0.1以下	—
	テトラクロロエチレン	0.1以下	0.1以下	—
	ジクロロメタン	0.2以下	0.2以下	—
	四塩化炭素	0.02以下	0.02以下	—
	一・二―ジクロロエタン	0.04以下	0.04以下	—
	一・一―ジクロロエチレン	1以下	1以下	—
	シス―一・二―ジクロロエチレン	0.4以下	0.4以下	—
	一・一・一―トリクロロエタン	3以下	3以下	—
	一・一・二―トリクロロエタン	0.06以下	0.06以下	—
	一・三―ジクロロプロペン	0.02以下	0.02以下	—
	チウラム	0.06以下	0.06以下	—
	シマジン	0.03以下	0.03以下	—
	チオベンカルブ	0.2以下	0.2以下	—
	ベンゼン	0.1以下	0.1以下	—
	セレン及びその化合物	0.1以下	0.1以下	—
	ほう素及びその化合物	10以下〈230以下〉	10以下〈230以下〉	—
	ふつ素及びその化合物	8以下〈15以下〉	8以下〈15以下〉	—
	一・四―ジオキサン	0.5以下	0.5以下	—
	アンモニア、アンモニウム化合物、亜硝酸化合物及び硝酸化合物	アンモニア性窒素に0.4を乗じたもの＋亜硝酸性窒素＋硝酸性窒素：100以下	アンモニア性窒素に0.4を乗じたもの＋亜硝酸性窒素＋硝酸性窒素：100以下	—
	アンモニア性窒素、亜硝酸性窒素及び硝酸性窒素	—		
	ダイオキシン類	10pg-TEQ／ℓ以下	10pg-TEQ／ℓ以下	—
環境に係る項目	フェノール類	5以下	5以下	—
	銅及びその化合物	3以下	3以下	—
	亜鉛及びその化合物	2以下	2以下	—
	鉄及びその化合物（溶解性）	10以下	10以下	—
	マンガン及びその化合物（溶解性）	10以下	10以下	—
	クロム及びその化合物	2以下	2以下	—
	水素イオン濃度（pH）	5.8以上8.6以下〈5.0以上9.0以下〉	5.8以上8.6以下	—

		下水道終末処理施設	公共・流域下水道	
		公共用水域又は海域		
		放流水の質質確保		
		水質汚濁防止法 ダイオキシン対策法 【省令一律基準】	放流水質の基準 【政令一律基準】	
			分流式汚水管、合流式 （雨水影響少）	合流式 （雨水影響大）
環境に係る項目	生物化学的酸素要求量（BOD）	（放流先が湖沼・海域以外の場合） 160以下 （日間平均120以下）	計画放流水質に適合する数値以下 （ただし、下限：5日間に15以下）	各吐口のBODで表示した汚濁負荷量の総量 ÷ 各吐口からの放流水の総量：5日間に40以下
	化学的酸素要求量（COD）	（放流先が湖沼・海域の場合） 160以下 （日間平均120以下）	（放流先が湖沼・海域の場合）上記に加えて 160以下 （日間平均120以下）	―
	浮遊物質量（SS）	200以下 （日間平均150以下）	40以下	―
	ノルマルヘキサン抽出物質含有量　鉱油類含有量	5以下	5以下	
	ノルマルヘキサン抽出物質含有量　動植物油脂類含有量	30以下	30以下	
	窒素含有量	（放流先が一定の湖沼・海域の場合） 120以下 （日間平均60以下）	計画放流水質に適合する数値以下（ただし、下限：20以下）	―
	燐含有量	（放流先が一定の湖沼・海域の場合） 16以下 （日間平均8以下）	計画放流水質に適合する数値以下（ただし、下限：3以下）	―
	大腸菌群数	日間平均3,000個／cm³以下	3,000個／cm³以下	―
その他項目	温度	―	―	―
	沃素消費量	―	―	―

注1　単位はダイオキシン類、pH、大腸菌群数、温度を除きすべてmg/ℓ。
注2　省令一律基準とは、省令で定められた一律の基準であり、水質汚濁防止法・ダイオキシン対策法に基づく上乗せ、横出し条例がある場合には、それによる。
注3　政令一律基準とは、政令で定められた一律の基準であり、水質汚濁防止法・ダイオキシン対策法に基づく上乗せ、横出し条例がある場合には、それによる。
注4　条例基準とは、条例で定めることができる最も厳しい数値。
注5　合流式下水道における雨水の影響が大きい場合（「雨水影響大」）とは、10mm以上30mm以下の降雨がある場合をいう。
注6　「検出されないこと」とは、環境大臣が定める方法により検定した結果が、当該検定方法の定量限界を下回ることをいう。
注7　〈 〉内は、海域を放流先とする終末処理場及び海域を放流先とする終末処理場に下水を排出する事業場に適用。
注8　［ ］内は、製造業又はガス供給業から排出される汚水の合計量が終末処理場で処理される汚水の量の1/4以上と認められる場合等に適用。
注9　BOD、COD、SS、窒素含有量、燐含有量の基準値に係る（ ）内の「日間平均」とは、（ ）の左の基準値に加え、一日の平均量として当該基準値を満たす必要があることを示している。
注10　BODの基準値に係る「5日間に」とは、BOD測定に5日間を要することを確認的に規定しているものである。

第4章

下水道の管理運営

特定事業場						継続して基準に違反する下水を排除する者
分流式の汚水管、合流式						左記に加えて分流式の雨水管
放流水の水質確保						施設保全
法12条の2第1項［直罰］（法律に基づく規制）【政令一律基準】		法12条の2第3項［直罰］（条例に基づく規制）【条例基準】		法12条の11［間接罰］（条例に基づく規制）		法12条［間接罰］（条例に基づく規制）【条例基準】
排出量 50㎥／日以上	排出量 50㎥／日未満	排出量 50㎥／日以上	排出量 50㎥／日未満	第1号【政令一律基準】	第2号【条例基準】	
0.03以下		—		0.03以下	—	—
1以下	1以下	—		1以下	—	—
1以下	1以下	—		1以下	—	—
0.1以下	0.1以下	—		0.1以下	—	—
0.5以下	0.5以下	—		0.5以下	—	—
0.1以下	0.1以下	—		0.1以下	—	—
0.005以下	0.005以下	—		0.005以下	—	—
検出されないこと	検出されないこと	—		検出されないこと	—	—
0.003以下	0.003以下	—		0.003以下	—	—
0.1以下	0.3以下	—		0.1以下	—	—
0.1以下	0.1以下	—		0.1以下	—	—
0.2以下	0.2以下	—		0.2以下	—	—
0.02以下	0.02以下	—		0.02以下	—	—
0.04以下	0.04以下	—		0.04以下	—	—
1以下	1以下	—		1以下	—	—
0.4以下	0.4以下	—		0.4以下	—	—
3以下	3以下	—		3以下	—	—
0.06以下	0.06以下	—		0.06以下	—	—
0.02以下	0.02以下	—		0.02以下	—	—
0.06以下	0.06以下	—		0.06以下	—	—
0.03以下	0.03以下	—		0.03以下	—	—
0.2以下	0.2以下	—		0.2以下	—	—
0.1以下	0.1以下	—		0.1以下	—	—
0.1以下	0.1以下	—		0.1以下	—	—
10以下〈230以下〉	10以下〈230以下〉	—		10以下〈230以下〉	—	—
8以下〈15以下〉	8以下〈15以下〉	—		8以下〈15以下〉	—	—
0.5以下	0.5以下	—		0.5以下	—	—
—	—	—		—	—	—
—	—	380未満［125未満］		—	380未満［125未満］	—
10pg-TEQ／ℓ以下	10pg／ℓ以下	—		10pg-TEQ／ℓ以下	—	—
5以下	—	—		5以下	—	—
3以下	—	—		3以下	—	—
2以下	—	—		2以下	—	—
10以下	—	—		10以下	—	—
10以下	—	—		10以下	—	—

特定事業場						継続して基準に違反する下水を排除する者
分流式の汚水管、合流式						左記に加えて分流式の雨水管
放流水の水質確保						施設保全
法12条の2第1項［直罰］（法律に基づく規制）【政令一律基準】		法12条の2第3項［直罰］（条例に基づく規制）【条例基準】		法12条の11［間接罰］（条例に基づく規制）		法12条［間接罰］（条例に基づく規制）【条例基準】
排出量50㎥／日以上	排出量50㎥／日未満	排出量50㎥／日以上	排出量50㎥／日未満	第1号【政令一律基準】	第2号【条例基準】	
2以下	—	—	—	2以下	—	—
—	—	5を超え9未満[5.7を超え8.7未満]	—	—	5を超え9未満[5.7を超え8.7未満]	5を超え9未満
—	—	5日間に600未満[5日間に300未満]	—	—	5日間に600未満[5日間に300未満]	—
—	—	—	—	—	—	—
—	—	600未満[300未満]	—	—	600未満[300未満]	—
—	—	5以下	—	—	5以下	5以下
—	—	30以下	—	—	30以下	30以下
—	—	（放流先が一定の湖沼・海域の場合）240未満[150未満]	—	—	（放流先が一定の湖沼・海域の場合）240未満[150未満]	—
—	—	（放流先が一定の湖沼・海域の場合）32未満[20未満]	—	—	（放流先が一定の湖沼・海域の場合）32未満[20未満]	—
—	—	—	—	—	—	—
—	—	—	—	—	45℃未満[40℃未満]	45℃未満
—	—	—	—	—	—	220未満

第4章 下水道の管理運営

図表145　規制物質等の概要

項目	特徴等	性状等
有害物質に係る項目	カドミウム及びその化合物	銀白色のやわらかい金属で亜鉛に似た性質をもつ。
	シアン化合物	シアンは、天然に存在するものはごく微量であり、ほとんどが人工的に作られたシアン化合物として存在する。
	有機燐化合物	種々ある有機燐化合物の中で排除基準に定められているものは、パラチオン、メチルパラチオン、EPN及びメチルジメトンの4物質であり、これらはすべて農薬（殺虫剤）として使用されてきた物質である。
	鉛及びその化合物	鉛は蒼白色のやわらかくて重い金属である。新しい切り口は蒼白色の光沢がある。空気中では比較的速やかにさびていわゆる鉛色になるが、さびは内部には達しない。空気中で酸化すると酸化鉛（II）PbO、次いで酸化鉛（IV）Pb₃O₄になる。酸とは作用しにくく、普通の酸のうちでは硝酸に溶けるだけである。硫酸にはよく耐えるが、熱濃硫酸とは作用して硫酸鉛となる。
	六価クロム化合物	クロムは、銀白色の白金に似た光沢のある堅くてもろい金属である。
	砒素及びその化合物	灰色の金属光沢を有する結晶、又は黄色、黒色、褐色の粉末で、燐に似た性質をもつ。
	水銀及びアルキル水銀その他の水銀化合物	水銀は、銀白色をした常温で液体である唯一の金属である。
	アルキル水銀化合物	

毒性又は環境への影響	下水道への影響	排出源
少量でも動植物、人体に蓄積される傾向が強く、ある濃度以上になると生物に対し種々の影響を与える。体内に吸収されたときの症状としては貧血、腎障害を起こし、たんぱく尿が高率に出現する。	活性汚泥中の微生物に対し毒性を示し、数mg/ℓ以上で増殖阻害が現れる。活性汚泥に蓄積されやすく、流入水に0.5mg/ℓ以下のカドミウムが含まれる場合、70〜80%は汚泥に蓄積される。	鉱山の坑内水、亜鉛精錬・精製業、電気めっき業（カドミウムめっき）、化学工業（顔料、触媒、塩化ビニル安定剤）、蓄電池製造業（カドミウム蓄電池）等
シアン化合物は、生物体内に吸収されると、その体内でシアン化水素酸に分解し、生物の呼吸酵素系を阻害する。一般的に、遊離シアンは猛毒であり、結合シアンは毒性が少ない。ヒトに対する経口致死量は、シアン化カリウムの場合0.15〜0.30g/人、シアン化水素の場合0.05g/人とされている。	シアン化合物が下水道に排出されると、その毒性のために、処理場の活性汚泥中の生物が死滅又は障害を受け、処理能力が低下する。また、高濃度のシアンが排出されると、管渠内でシアンガスが発生して、作業員の死亡又は中毒等の事故を起こす可能性もあり注意を要する。	化学工業、電気めっき業、鉄鋼熱処理業、都市ガス製造業等
農薬（殺虫剤）として使用されてきたように極めて毒性が強く、現在、パラチオン、メチルパラチオン及びメチルジメトンは特定毒物に、EPNについては毒物に指定されている。	処理場の活性汚泥中の細菌類や原生動物に対して毒性を示し、処理機能を阻害する。また、汚泥の処分、有効利用を困難にする。	農薬製造業、ゴム工場、薬剤を散布した田及び畑、ゴルフ場等
ヒトに対する鉛の標的器官は中枢及び末梢神経であり、血中濃度が1.0〜1.2μg/mℓで脳炎、腎障害が起こる。0.5〜0.8μg/mℓで疲労感・不眠・関節痛及び胃腸障害がみられる。1〜2年程度の職業ばく露歴があり、血中レベルが0.4〜0.6μg/mℓで、筋肉の弛緩・胃腸症状・末梢神経症などの慢性症状がみられる。特に聴覚神経が鉛に敏感である。	活性汚泥処理に与える影響は他の重金属に比較して少ない。10mg/ℓを超えると透視度やSS濃度が若干悪化するが、BOD、CODの除去率については変化がみられないといわれている。	化学工業（顔料、触媒、塩化ビニル安定剤）、ガラス製造業（クリスタルガラス、鉛ガラス）、蓄電池製造業（鉛蓄電池）、電気めっき業（はんだめっき）、鉱山等
クロム化合物は、人体に対し毒性を示し、消化器官や皮膚を冒すが、その形態により毒性の程度に差がある。一般的には六価クロムは、クロム酸塩や二クロム酸塩に代表されるように、強い酸化力を持つため、三価クロムに比べて100倍近い毒性を持っているといわれている。	クロムを含む排水は、処理場の生物処理に障害をもたらし、下水処理を困難にすることがあるが、その許容限度は、処理方法や操作によって異なる。また、六価クロムを含む酸性排水は、少量でも直接下水管渠等の施設に排出されるとその強い酸化力のために、管渠を腐食する。	金属表面加工業、電気めっき業、皮革工業、化学工業、染色業、特殊鋼製造業等
砒素単体（蒸気や粉塵）及び砒素化合物とも猛毒である。	砒素は、生物体に強い毒性を有しているので、処理場の活性汚泥中の微生物にも大きな影響を及ぼす。また、汚泥に蓄積した場合には、汚泥の有効利用や処分に支障を来す。	無機薬品製造業、農薬製造業、ガラス製品製造業、半導体素子製造業、温泉等
常温における水銀の蒸気圧は低いが、呼吸器からの吸入により体内に取り込まれると肺炎、腎障害を起こし、人体に有害である。	水銀化合物は、殺菌剤等に用いられるなど毒性が強く、活性汚泥微生物への影響も大きい。また、下水汚泥を農業利用する際には、肥料取締法の規定により水銀含有量の基準値が定められているので注意を要する。	無機水銀化合物製造業、薬品製造業、電気器具製造業、温度計その他計器製造業、病院、歯科医院、大学、試験所、研究所等

項目	特徴等		性状等
有害物質に係る項目	ポリ塩化ビフェニル		PCBは、ビフェニルに1〜10個の塩素が置換した異性体等の混合物の総称である。塩素数の少ないものは油状の液体で、塩素数の増加に伴って粘度が大きくなり、固体となる。化学的安定性、電気絶縁性に優れるとともに熱にも安定である。
	トリクロロエチレン等 トリクロロエチレン、テトラクロロエチレン、ジクロロメタン、四塩化炭素、一・二―ジクロロエタン、一・一―ジクロロエチレン、シス―一・二―ジクロロエチレン、一・一・一―トリクロロエタン、一・一・二―トリクロロエタン、一・三―ジクロロプロペン		トリクロロエチレン等は、常温で無色透明の液体で揮発性、不燃性で水より重い化学物質である。
	一・三―ジクロロプロペン	トリクロロエチレン等として	
		農薬として	殺虫剤として使用される有機塩素化合物である。
	チウラム		殺菌剤、忌避剤、工業用薬品と広く使われており、わが国では、工業用薬品として70〜80%使われている。
	シマジン		除草剤として使用されるトリアジン系の薬剤である。作物の種まき後、生育期に散布し、雑草の成長を抑制する。畑地、果樹園、団地や河川敷及びゴルフ場の芝にも使われている。
	チオベンカルブ		除草剤として使用されるチオカーバメイト系薬剤である。主に水田の田植え前、田植え後の灌水状態のときや畑の苗代で種まき覆土後に散布される。
	ベンゼン		ベンゼンは水より軽い無色の液体で特有の芳香を有する。疎水性であり、水には溶けにくいが、有機化合物の中では比較的溶解度が大きい。ほとんどの有機溶媒に可溶である。

毒性又は環境への影響	下水道への影響	排出源
経口摂取、吸入、皮膚接触により皮膚への影響と肝臓への毒性作用を示し、塩素含量が多いほど毒性が高くなる傾向がある。組織が被毒された人には、通常、吐き気、体重の減少、黄だん、浮腫、腹痛などの兆候が現れる。肝臓障害が激しいと昏睡となり死亡する。また、発がん性の疑いもある。	汚泥の処分に多大の影響を及ぼすが、活性汚泥等への機能障害は確認されていない。	昭和47年に製造が中止されているが、過去に工業用及び家庭用電気機器、感圧紙（ノンカーボン紙）、熱媒体等に広く使用されていた。
トリクロロエチレン等にほぼ共通する毒性は、皮膚接触による中程度の毒性、刺激性があることと、高濃度の場合の麻酔作用である。地下水汚染を引き起こしやすいので、地下水汚染を通じてヒトが経口摂取するおそれがあり、経口摂取により中枢神経系への影響も認められるものがある。動物実験により発がん性が認められるものがある。	トリクロロエチレン等は、下水道施設内で揮散し、管渠内や処理場での作業環境を悪化させる。また、活性汚泥による有機物除去機能への影響はほとんど認められないが、硝化機能に影響を及ぼす。	ドライクリーニング業、金属製品製造業、IC産業、繊維製品染色加工業、製版業、試験研究機関等
環状基に塩素が結合した有機塩素農薬に比べて分解しやすい。経口LD50は、ラットで250～500mg/kg体重である。	処理場の活性汚泥中の細菌類や原生動物に対して毒性を示し、処理機能を阻害する。また、汚泥の処分、有効利用を困難にする。	農薬製造業、ゴム工場、薬剤を散布した田及び畑、ゴルフ場等
ラットによる研究では、骨髄染色体異常、胚や胎仔の奇形発生がみられ、チウラムの代謝物のひとつとして発がん性が高いN-ニトロソジメチルアミンが生成する。人に対しては、リンパ球の染色体異常、女性の生理不順、不妊症、子宮病が報告されている。	処理場の活性汚泥中の細菌類や原生動物に対して毒性を示し、処理機能を阻害する。また、汚泥の処分、有効利用を困難にする。	農薬製造業、ゴム工場、薬剤を散布した田及び畑、ゴルフ場等
ラットやマウスの実験では、皮下注射又は経口投与で、腫瘍の発現、腹腔皮腫、リンパ腫がみられた。人ではリンパ球染色体異常がみられた。	処理場の活性汚泥中の細菌類や原生動物に対して毒性を示し、処理機能を阻害する。また、汚泥の処分、有効利用を困難にする。	農薬製造業、ゴム工場、薬剤を散布した田及び畑、ゴルフ場等
慢性毒性データなどは明らかにされていないが、魚毒性B類に属し、使用量が多く、分解されにくい物質である。	処理場の活性汚泥中の細菌類や原生動物に対して毒性を示し、処理機能を阻害する。また、汚泥の処分、有効利用を困難にする。	農薬製造業、ゴム工場、薬剤を散布した田及び畑、ゴルフ場等
濃度の高いベンゼンを吸入すると、めまい、不快、おう吐、頭痛、平衡感覚の滅消など中枢神経系が影響を受ける。ベンゼンのばく露により免疫系統の低下があり、染色体異常を引き起こすとされている。	ベンゼンはその性状から、下水道施設内で揮散し、管渠内や処理場での作業環境を悪化させると考えられるが、不明な点が多い。	有機ゴム製品、写真用品他多様な化学製品を製造する合成原料として使用されるため、それらの製造工場と考えられる。

項目	特徴等	性状等
有害物質に係る項目	セレン及びその化合物	セレンは非金属元素であるが、同素体によっては金属と著しく性質が似ているもの（灰色セレン）もある。自然界では硫黄鉱又は黄鉄鉱などの硫化物中に少量含まれる。空気中では青白色の炎を発して燃焼し悪臭を発する。
	ほう素及びその化合物	黒色の固い固体で、常温の空気中では安定しており、700℃以上では激しく燃焼する。
	ふつ素及びその化合物	ふつ素は、ハロゲン元素の一つである。常温では、二原子分子からなる黄緑色、特異臭のある気体である。自然界では蛍石、氷晶石として広く分布している。
	一・四―ジオキサン	エーテル臭を有する無色の液体である。
	アンモニア、アンモニウム化合物、亜硝酸化合物及び硝酸化合物	【水濁法】アンモニア性窒素は、公共用水域における水中にあってはその一部が亜硝酸性窒素又は硝酸性窒素に変化するため、アンモニア性窒素に0.4を乗じた上で亜硝酸性窒素と硝酸性窒素との合計量を計算する。
	アンモニア性窒素、亜硝酸性窒素及び硝酸性窒素	【下水道法】下水道に排除されたアンモニア性窒素は、下水処理の過程で酸素が過剰に下水中に送り込まれることにより微生物の働きが活発になりほぼ全てが亜硝酸性窒素又は硝酸性窒素に変化するため、アンモニア性窒素に0.4を乗じることなく、そのままの値で亜硝酸性窒素と硝酸性窒素との合計量を計算する。
	ダイオキシン類	ダイオキシン類とは、ポリ塩化ジベンゾーパラージオキシン類、ポリ塩化ジベンゾフラン類、コプラナーポリ塩化ビフェニル類の化合物の総称で、理論上は多数の異性体が存在する。通常は無色の固体で、水に溶けにくく蒸発しにくい。一方、脂肪などには溶けやすい。また、ダイオキシン類は他の化学物質や酸、アルカリにも簡単に反応せず、安定した状態を保つことが多いが、太陽光の紫外線で徐々に分解されるといわれている。融点は結晶構造により異なり、空気存在下での熱分解温度は750～800℃以上と報告されている。

毒性又は環境への影響	下水道への影響	排出源
必須元素の一つで欠乏すると心筋障害を起こすが、ヒトにはまれである。しかし、金属セレンは毒性が低いが、セレン化合物の毒性は強く、経気道的に吸引すると目、鼻、喉に強い刺激を感じ、めまい、咳、粘膜充血が起こる。さらに重傷になると、頭痛、けいれん、血圧低下、呼吸不全に至る。慢性中毒になると、消化器障害、発汗過多、黄疸、肝臓や腎臓障害、筋ジストロフィーなどを引き起こす。	排水中のセレンは、下水処理場の処理過程で活性汚泥中に移行されるが、下水排除基準値以下の濃度にすることが難しい。また、活性汚泥を焼却処理した場合、焼却灰から埋立基準を超えるセレンが検出されることもある。	ガラス工業、半導体部品製造業、合成樹脂製造業、製錬業、めっき業、化学工場等
ヒトの健康への影響は経口摂取により毒性を示す。ほう素中毒の症状は、一般に胃腸障害、皮膚紅疹、抑うつ症を伴う中枢神経系刺激の兆候などとされている。	ほう素の下水道への影響は明らかではない。	電気めっき業（ニッケルめっき）、建設用金属製品製造業、一般廃棄物処理工場等の事業場、温泉等
ふつ素を含む水を長期間飲用すると、歯、骨格等に障害を生じるとされている。	ふつ化水素酸として使用されると、下水道施設及び下水処理機能に対して、酸としての障害を示す。	ガラス工業、半導体製造業、鉄鋼業、電気めっき業、清掃工場、温泉等
吸入によりめまい、頭痛、吐き気、嘔吐、咽頭痛、腹痛、眠気、意識喪失の症状が起こる。高濃度の吸入又は飲み込みは中枢神経系、肝臓、腎臓、肺に影響を与える。実験動物では発がん性が認められるものの、ヒトでの発がん性に関しては十分な証拠がないため、IARC（国際がん研究機関）の評価では2B（ヒトに対して発がん性が有るかもしれない）に分類されている。	下水処理場での除去率は最大でも25％程度で、生物処理による除去が非常に難しいことが報告されている。活性炭への吸着性が弱く、オゾンによる分解処理でしか除去できない。	合成皮革工業、繊維処理・染色・印刷業、パルプ精製業等
硝酸性窒素及び亜硝酸性窒素の過剰摂取により、乳幼児のメトヘモグロビン血症（酸素欠乏症や青色児症候群）及び体内における発ガン物質の生成を誘起する。また、湖沼や貯水池で富栄養化による水質悪化の原因となる。	―	化学品製造業、非鉄金属業、石油化学業、製紙業、紡績業、農産物・食品加工業、食品製造業等
	高濃度の場合は、通常の生物処理では除去が困難。	
ダイオキシン類の毒性は、動物の種によって大きく異なる。比較的多量のダイオキシン類を動物に投与した実験では口蓋裂等の催奇形性が、多量のばく露では生殖機能、甲状腺機能及び免疫機能への影響があることが報告されている。しかし、ヒトに対しても同じような影響があるのかどうかはまだよく分かっておらず、死亡事故などがあった例は報告されていない。	ダイオキシンが下水道へ与える影響について、詳細は不明であるが、分解温度が非常に高いという性質から、下水道への流入後はほとんど変化せずに処理場まで運ばれるものと考えられる。	製紙・パルプ製造業、硫酸カリウム製造業、塩化ビニル製造業、カプロラクタム製造業、クロロベンゼン又はジクロロベンゼン製造業、アルミニウム溶鉱炉、廃棄物焼却施設、廃PCB等の分解施設及び洗浄施設等の一部

第4章

下水道の管理運営

項目	特徴等	性状等
環境に係る項目	フェノール類	フェノール類とは、芳香族化合物のベンゼン環の水素が水酸基で置換された化合物の総称である。環境汚染に関するものは、主にフェノール、クレゾール、クロルフェノール等である。
	銅及びその化合物	赤色の金属で、展延性に富み、熱及び電気の良導体である。
	亜鉛及びその化合物	白色の金属で、展延性に富み、加工が容易である。
	鉄及びその化合物（溶解性）	灰白色の展延性に富む金属である。湿った空気中では、酸素と容易に反応して、さび（酸化鉄、水酸化鉄）を生じる。
	マンガン及びその化合物（溶解性）	赤みを帯びた灰白色の金属で外観は鉄に似ているが、鉄よりも硬くもろい。
	クロム及びその化合物	クロムは、銀白色の白金に似た光沢のある堅くてもろい金属である。
	水素イオン濃度（pH）	酸性は金属を溶解し、排水中の重金属等の濃度を高くするが、アルカリは水酸化物の沈殿により溶解している重金属の濃度が低くなる。酸性やアルカリ性が強い場合は、生物に害を与え、鉄やコンクリートを腐食する。

毒性又は環境への影響	下水道への影響	排出源
フェノールの急性毒性は、主として刺激性及び皮膚粘膜の腐食性であり、慢性毒性としては体調不全及び神経症状がみられる。その他のフェノール類も程度の差はみられるが、ほぼ同様の毒性が認められる。	下水管渠からの悪臭の発生と活性汚泥の浄化機能の阻害があげられる。	化学工業、鉄鋼業、病院、写真現像業、製版業、分析研究機関等
多くの生物にとって必要な微量元素であるが、限界量以上に摂取すると有害である。その許容限度は生物の種類や環境条件により大幅に変化するが、ヒトでは1〜2gの摂取で胃腸障害を起こし、5〜15gで重傷又は死に至る。	活性汚泥中の生物に対し微量でも害を及ぼす。0.5mg/ℓで硝化作用が阻害され、2mg/ℓではBOD除去率が低下し処理水質が悪化する。	銅鉱山排水、銅精錬・精製業、電気めっき業、合成繊維製造業、プリント基板製造業等
亜鉛は、特に人体に悪い影響はないといわれているが、多量では、おう吐症状があるといわれている。また、植物への影響では土壌中に多量に含まれると生育阻害、クロロシス（黄変症状）等がみられる。水生生物を保全する観点から、亜鉛による魚類及びその餌生物の慢性毒性値等を基に水質環境基準及び排水基準が設定されている。	活性汚泥の浄化機能に対して5〜10mg/ℓで影響が現れる。10mg/ℓ以下の場合、大部分が活性汚泥に吸着除去される。	亜鉛精錬・精製業、電気めっき業、製版印刷業、合成繊維製造業、合成ゴム製造業等
人体には通常4〜5gの鉄が含まれる。医薬として多量に投与することもあり、毒性の強いものではない。	少量では下水処理に大きな影響は見られない。しかし、鉄塩を含む酸洗排水などが大量に流入すると、下水道施設に影響を与え、また処理場の放流水が着色することがある。	鉄鋼業、金属製品加工業、電気めっき業等
人体に対しては、ある量までは必須の元素であるが、体内に入る量が多くなると毒性を示す。	下水処理に与える影響は明らかではない。	フェロマンガン製造業、マンガン電池製造業、試薬製造業等
クロム化合物は、人体に対し毒性を示し、消化器官や皮膚を冒すが、その形態により毒性の程度に差がある。一般的には六価クロムは、クロム酸塩やニクロム酸塩に代表されるように、強い酸化力を持つため、三価クロムに比べて100倍に近い毒性を持っているといわれている。	クロムを含む排水は、処理場の生物処理に障害をもたらし、下水処理を困難にすることがあるが、その許容限度は、処理方法や操作によって異なる。また、六価クロムを含む酸性水は、少量でも直接下水管渠等の施設に排除されるとその強い酸化力のために、管渠を腐食する。	金属表面加工業、電気めっき業、皮革工業、化学工業、染色業、特殊鋼製造業等
―	酸性排水は下水道施設を損傷させ、また他の排水と混合すると有害ガスを発生する場合がある。酸性、アルカリ性排水は、処理場の微生物の活性を著しく低下させる。	酸性：化学工業、電気めっき業、金属表面処理業等アルカリ性：繊維工業、電気めっき業、金属表面処理業、機械工業、洗濯業等

項目		特徴等	性状等
環境に係る項目	生物化学的酸素要求量（BOD）		Biochemical Oxygen Demand（生物化学的酸素要求量）の略。水中の好気性微生物によって消費される溶存酸素量のこと。20℃で5日間放置した時に消費された溶存酸素量と定義されている。河川の水質汚濁（有機汚濁）の指標として一般に用いられる。
	化学的酸素要求量（COD）		Chemical Oxygen Demand（化学的酸素要求量）の略。酸化剤によって水中の被酸化性物質、主として有機物を酸化分解させ、その際に消費される酸素量のこと。湖沼・海域の水質汚濁（有機汚濁）の指標として一般に用いられる。
	浮遊物質量（SS）		無機、有機等その構成成分を問わず、水に不溶で排水中に浮遊又は懸濁状態で存在する物質の総称をいう。
	ノルマルヘキサン抽出物質含有量	鉱油類含有量	軽質油と中質油及び重質油に分けられる。
		動植物油脂類含有量	乾性油、不乾性油、半乾性油に分けられる。
	窒素含有量		排水中の窒素は、動植物体等に由来する有機窒素と、アンモニア性窒素、亜硝酸性窒素、硝酸性窒素等の無機性窒素の形態で存在する。
	燐含有量		排水中の燐は、オルト燐酸、ポリ燐酸等の無規制燐酸塩、燐脂質等の有機性燐化合物の形態で存在する。
	大腸菌群数		グラム染色陰性、無芽胞のかん（桿）菌で、ラクトースを分解して酸と気体を生成する好気性又は通性嫌気性の菌。
その他項目	温度		―
	沃素消費量		沃素消費量とは、排水中の硫化物や有機性の還元性物質など酸化されやすい成分により消費される沃素量をいい、排水中の還元性物質の濃度を知る目安となる。

出典：日本下水道協会「事業場排水指導指針―2002年版―」、同「排水設備指針―2004年版―」、日リスク評価 第2巻」、（財）化学物質評価研究機構「有害性評価書」、下水道法令研究会「逐条解

毒性又は環境への影響	下水道への影響	排出源
有機物の量が自然の浄化能力を超えた場合、この分解のために溶存酸素が消費されることにより水中の酸素が欠乏し、魚類をはじめとする水生生物の生息環境に悪影響を及ぼすとともに、アンモニアや硫化水素による悪臭（一般にBOD10mg/L以上で悪臭の発生等がみられるとされる）や着色などの生活環境への影響が生じる。	大量の浮遊性有機物が下水管渠に流入すると、管底に堆積して、管渠を閉塞させるような場合もある。また、溶解性有機物濃度の高い排水は、処理場の生物処理に大きな負荷を与え、処理水質を悪化させる。	食料品製造業、清涼飲料及び酒類製造業、繊維工業、パルプ・紙・紙加工品製造業、化学工業等
―	浮遊物質濃度の高い排水は下水管の閉塞、処理場への負荷の増大を招く。	食料品製造業、繊維工業、パルプ・紙・紙加工品製造業、鉄鋼業、窯業・土石製品製造業等
―	下水管内部に付着し管渠を閉塞するほか、揮発性の油類が流れ込むと管内火災や爆発の危険性がある。また、処理場の活性汚泥の呼吸が阻害され、処理機能が低下する。	石油精製、石油化学、製鉄工場、石炭ガス・コークス工業、車両製造・整備工場、食品製造業、油脂加工業、飲食店等
窒素は、閉鎖性水域の富栄養化原因物質の一つとされている。	処理場に流入する下水中の窒素が高濃度の場合、通常の生物処理では除去が困難である。	畜産農業、食料品製造業、染色整理業、化学工業、表面処理工程を有する鉄鋼・金属製品製造業等
燐は、閉鎖性水域の富栄養化原因物質の一つである。	処理場に流入する下水中の燐が高濃度の場合、標準法などでは通常の生物処理では除去が困難である。	畜産農業、食料品製造業、染色整理業、化学工業、鉱業・鉄鋼業、表面処理工程を有する鉄鋼・金属製品製造業等
大腸菌群自体に病原性はないが、大腸菌群が検出されることはその水がし尿による汚染を受けた可能性が高いこと、すなわち赤痢菌やサルモネラ菌などの病原性細菌によって汚染されている危険があることを示す。	―	糞便処理施設、家畜糞尿処理施設等
―	高温排水が下水道管渠に流入すると化学反応や生物的反応が促進され、コンクリート等の腐食及び悪臭ガスの発生の原因となる。	鉄鋼業、金属製品製造業、食料品製造業、繊維工業、化学工業等
―	溶存酸素を消費するため、生物処理機能を阻害する。また、沃素消費量を示す成分のうち、硫化水素は硫黄酸化細菌の作用により生成する硫酸によって下水道施設を損傷させるほか下水道管渠内での作業に危害を及ぼす。	繊維工業、印刷業、写真現像業、化学工業、皮なめし工業、油脂加工業、食料品製造業等

本工業規格「JIS K 0350-20-10：2001 用水・排水中の大腸菌群試験方法」、環境省「化学物質の環境説下水道法」等

〈参考：流域別下水道整備総合計画〉

　以上、最低限の水質基準を達成するための規制について説明してきましたが、環境基本法（旧：公害対策基本法）に基づいて定められている水質環境基準（人の健康や生活環境にとって維持されることが望ましい水質基準）を達成するためには、このような最低限の水質基準の遵守だけでなく、関係する都道府県、市町村が連携して、より高度な処理等を行っていくことが不可欠です。

　このため、昭和45年（1970年）の下水道法の改正において、都道府県は、水質環境基準を達成するために、概ね水質環境基準が定められた河川等の公共用水域又は海域について、下水道整備に関する総合的な計画（流域別下水道整備総合計画（流総計画）。概ね20～30年程度の計画）を定めなければならないこととされました（下水道法第2条の2第1項）。流総計画では、関連する都道府県や市町村が実施する流域下水道や公共下水道等について、処理区域、根幹的施設の配置・構造・能力、事業の優先順位を定めることになっており、個々の下水道事業は、流総計画に基づいて実施されることになっています（下水道法第6条第4号、第25条の25第5号）。

　流総計画制度は、関係する下水道管理者が、水質環境基準の達成という積極的な目標に向けて、中長期のスパンで計画的に連携して対応していこうというものであり、下水道管理者には、最低限の水質基準の遵守だけでなく、より良好な水環境の実現に向け政策を推進していくという積極的な役割が与えられていることが分かります。

　また、平成17年（2005年）の下水道法改正において、閉鎖性水域に係る高度処理の積極的な推進を図るため、閉鎖性水域に係る流総計画に定めるべき事項に、窒素又はりんに係る終末処理場ごとの削減目標量と削減方法が追加される等が行われました（下水道法第

2条の2第2項第5号)。

　さらに、平成27年（2015年）の省令改正で、計画記載事項とし
て、中期整備事項が追加されました。中期整備事項とは、概ね10
年間に優先的に整備すべき事業内容（面的整備の方針、高度処理導入
の方針等）を定めるもので、計画と実績の状況を適切に評価の上、
概ね10年ごとに更新していくことを想定しています（**図表146**参
照）。これまで流総計画期間は概ね20〜30年程度と長期の期間で
あり、ややもすると短期的・中期的なスパンでの計画的な実施に課
題もあったことから、中期整備事項の追加は、流総計画制度の実効
性をより一層高めるものです。

　なお、流総計画の内容について、関係行政機関、関係住民の理解
を得ることが重要であることから、その内容を公表し、下水道の役
割・効果を含め、啓発普及を図ることとしています（**図表147**参照）。

　現在の流域別下水道整備総合計画の策定状況は、**図表148**のと
おりとなっています。

図表146　中期整備事項の更新のイメージ

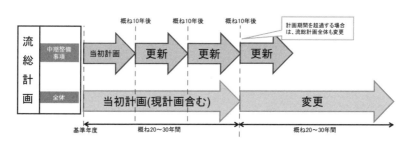

図表147 流総計画の公表イメージ

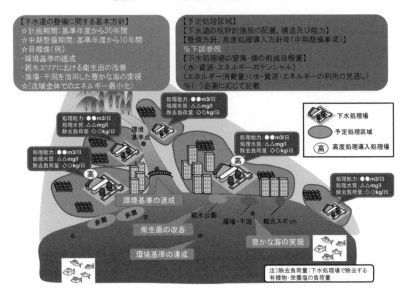

【下水道の整備に関する基本方針】
☆計画期間：基準年度から30年間
☆中期整備期間：基準年度から10年間
☆目標像（例）
・環境基準の達成
・親水エリアにおける衛生面の改善
・藻場・干潟を活用した豊かな海の実現
☆（流域全体でのエネルギー最小化）

【予定処理区域】
【下水道の根幹的施設の配置，構造及び能力】
【整備方針，高度処理導入方針等（中期整備事項）】
※下図参照
【下水処理場の窒素・燐の削減目標量】
（水・資源・エネルギーポテンシャル）
（エネルギー消費量）（水・資源・エネルギーの利用の見通し）
※（　）必要に応じて記載

処理能力：●●m3/日
処理水質：△△mg/l
除去負荷量：◇◇kg/日

環境基準点

処理能力：●●m3/日
処理水質：△△mg/l
除去負荷量：◇◇kg/日

処理能力：●●m3/日
処理水質：△△mg/l
除去負荷量：◇◇kg/日

処理能力：●●m3/日
処理水質：△△mg/l
除去負荷量：◇◇kg/日

処理能力：●●m3/日
処理水質：△△mg/l
除去負荷量：◇◇kg/日

下水処理場
予定処理区域
高 高度処理導入処理場

環境基準の達成

赤潮　赤潮

衛生面の改善

環境基準の達成

親水公園　藻場・干潟　観光スポット

豊かな海の実現

注）除去負荷量：下水処理場で除去する
有機物・栄養塩の負荷量

図表148　流域別下水道総合計画の策定状況（令和２年度末）

凡例：
◎：NP対応
☆：NP基準が定められた閉鎖性水域に係る流総

都道府県	流総計画	策定済・変更済	変更中・策定中	都道府県	流総計画	策定済・変更済	変更中・策定中
北海道	十勝川	○		新潟	信濃川	○	
	函館海域☆	◎			阿賀野川		◎
	天塩川	○			新井郷川	○	
	常呂川・網走川☆	◎			新島崎川		◎
	釧路川・釧路海域	○			関川		◎
	石狩川	○			姫川		◎
青森	岩木川	○			加治川・胎内川		◎
	陸奥湾	○			荒川		◎
	高瀬川	○			鯖石川・鵜川		◎
岩手	新井田川河口水域		○	富山	小矢部川	○	
	新井田川河口水域		○		神通川等	○	
	北上川		○		白岩川・上市川		◎
宮城	北上川		○	石川	犀川・大野川☆		◎
	阿武隈川	○			梯川・大聖寺川☆		◎
	仙塩☆	◎			能登沿岸☆	◎	
秋田	秋田湾・雄物川☆	◎		静岡	菊川		◎
	米代川	○			狩野川	○	
山形	最上川	○			天竜川左岸		◎
福島	阿武隈川	○			浜名湖☆		◎
	久慈川	○			奥駿河湾	○	
	夏井川・鮫川等	○			大井川・瀬戸川	○	
	請戸川等		○	岐阜	木曽川・長良川☆	◎	
	新田川等☆		◎		庄内川☆	◎	
	阿賀野川☆	◎			揖斐川☆	◎	
茨城	常磐海域	○			神通川	◎	
	利根川☆	◎		愛知	名古屋港海域等☆	◎	
	那珂川・久慈川☆	◎			知多湾等☆	◎	
	霞ヶ浦☆	◎			渥美湾等☆	◎	
栃木	利根川	○		三重	四日市・鈴鹿水域☆	◎	
	那珂川	○			中南勢水域☆	◎	
群馬	利根川	○			英虞湾水域☆	◎	
埼玉	荒川		◎		東紀州水域☆	○	
	中川		◎		木津川上流水域☆	◎	
	利根川	○		福井	九頭竜川☆		◎
千葉	利根川	○			若狭湾☆		◎
	東京湾☆	◎		滋賀	琵琶湖☆	◎	
	九十九里・南房総	○		京都	大阪湾・淀川☆	◎	
東京	多摩川・荒川等☆		◎		若狭湾西部☆	◎	
神奈川	芦ノ湖・早川	○		大阪	大阪湾☆	◎	
	東京湾☆		◎	兵庫	大阪湾☆	◎	
	境川等	○			播磨灘☆	◎	
	相模川	○			山陰海岸東部		◎
	金目川等	○		奈良	紀の川☆	◎	
	酒匂川等	○			大和川☆	◎	
山梨	富士川	○			木津川☆	◎	
	相模川	○		和歌山	紀の川☆		◎
長野	信濃川☆	◎			有田川及び紀中地先海域☆	◎	
	天竜川☆		◎		田辺湾☆		◎
	木曽川☆		◎				

凡例：
◎：NP対応
☆：NP基準が定められた閉鎖性水域に係る流総

都道府県	流総計画	策定済・変更済	変更中・策定中
鳥取	天神川	○	
	千代川	○	
	斐伊川☆	◎	
	美保湾	○	
島根	斐伊川☆	◎	
	江の川	○	
	高津川	○	
岡山	児島湖☆	◎	
	児島湾☆	◎	
	備讃瀬戸☆		◎
広島	広島湾☆	◎	
	備讃瀬戸☆		◎
	江の川☆		◎
	燧灘☆	◎	
	呉地先等☆	◎	
山口	周防灘☆	◎	
	広島湾西部水域☆	◎	
徳島	紀伊水道西部水域☆	◎	
香川	播磨灘☆	◎	
	備讃瀬戸海域☆	◎	
	燧灘☆	◎	
愛媛	重信川☆	◎	
	燧灘☆	◎	
高知	浦戸湾☆		◎
	仁淀川	○	
	四万十川	○	
	物部川・香宗川	○	
福岡	遠賀川	○	
	有明海☆	◎	
	筑前海		◎
	博多湾☆	◎	
	周防灘☆		◎
佐賀	伊万里湾☆	◎	
	松浦川	○	
	有明海☆	◎	
長崎	伊万里湾☆	◎	
	有明海☆	◎	
	佐々水域	○	
	大村湾☆	◎	
熊本	有明海☆	◎	
	八代海☆	◎	
大分	別府湾☆	◎	
	豊後水域☆	◎	
	筑後川☆		◎
	周防灘☆	◎	
宮崎	大淀川		○
	志布志湾	○	

都道府県	流総計画	策定済・変更済	変更中・策定中
鹿児島	鹿児島湾☆		◎
	川内川☆	◎	
	八代海☆	◎	
	志布志湾		○
沖縄	中南部西海岸	○	
	金武湾・中城湾	○	

全国 計

策定済みの流総計画	150計画
変更中・策定中の流総計画	41計画

出典：国土交通省データを元に作成。（データは令和2年度末のもの）

5　下水道台帳・供用開始等の公示

1）下水道台帳

　下水道管理者は、管理する下水道の台帳を調製して、保管しなければなりません。道路、河川等の公物管理法においては、同様の規定がありますが、下水道は基本的には施設が地下に埋設されているので、適正な管理を行うため、特に重要なものといえます。

　下水道の施設の配置・構造等については、接続義務や、下水道施設における行為制限により私人の権利義務にも影響を及ぼすため、下水道台帳の閲覧を求められた場合には、これを拒むことはできないとされています（下水道法第23条、第25条の30、第31条）。

　下水道台帳は、下水道の維持管理の基本となるものであるため、供用開始の前であっても建設が完了した区域については可及的速やかに、また、供用を開始している区域で未調製である場合には計画的に調製する必要があります。

　下水道台帳の記載事項等については、下水の処理開始の公示事項等に関する省令第3条・第4条、下水道法施行規則第20条に規定がありますが、具体的には、昭和53年（1978年）の都市局長通知（「下水道台帳の調製について」）等により技術的な助言が行われており、例で示せば、**図表149**のとおりです。

第4章

下水道の管理運営

図表149　下水道台帳（例）〈このほかに、関係図面が添付されている。〉

○総括調書

施工年度	排水区域				処理区域				施設数量								排水区名又は処理区名		
	各知番号及び供用開始年月日	面積(ha)	人口(人)	地区名	各知番号及び処理開始年月日	面積(ha)	人口(人)	地区名	竣工及び完工年月日	区間	管渠延長(m)	マンホール(個)	汚水ます(個)	雨水ます(個)	ポンプ施設(箇所)	処理施設運転開始年月日	吐口の位置	放流先の名称	摘要

注：摘要欄には該当施設平面図番号を記入する。

○管きょ延長調書

施工年度	管きょ(m)									排水区名又は処理区名			合計(m)	摘要
	◎250mm	◎300mm		◎1,800mm	幅2,000mm 高2,000mm		小計	計		幅3,000mm 高2,000mm	管きょ(m)		

注：摘要欄には該当施設平面図番号を記入する。

○マンホール及びます調書

施工年度	マンホール(個)							汚水ます				雨水ます				排水区名又は処理区名	摘要
	1号 内のり寸法90cm		馬てい暗きょ用	雨水吐口室	伏越し室	計		内のり寸法40cm	特殊	小計		内のり寸法45cm	特殊	小計	計	ます(個)	

注：摘要欄には該当施設平面図番号を記入する。

○ポンプ施設の位置、敷地の面積、構造及び能力調書
注）揚水能力が全体計画と異なるときは全体計画を（ ）書きとする。

名称	位置	敷地面積㎡	放流先の名称	運転開始年月日	集水面積		計画人口人	揚水能力			修景施設等㎡	摘要
					汚水ha	雨水ha		晴天時汚水㎡/分	雨天時汚水㎡/分	雨　水㎡/分		

(場内配置図)	種別	単位	放量	構造又は形式	形状寸法	能力又は容量	竣工年月日	備考
	流入管きょ	m				㎡/秒		
	ゲート室	室						
	ゲート	基						
	沈砂池	池				㎡		
	スクリーン	基						
	ポンプます	基				㎡		
主ポンプ	汚水ポンプ	台				㎡/秒		
	雨水ポンプ	台				㎡/秒		
	放流管きょ	m				㎡/秒		
	放流ゲート	基						
	管理棟	棟				㎡		

(注) 種別欄に記載されていない施設がある場合は、適宜追加して記入すること。
　　 備考欄には機械等の製造メーカー等の名称等を記入する。

○処理施設の位置及び敷地の面積調書

名称	位置	敷地面積	処理開始年月日	計画処理面積及び処理水量			放流先の名称	修景施設等	備考
		㎡		処理面積	晴天時処理水量	雨天時処理水量		㎡	
				ha	㎡/日	㎡/日			
				現有処理面積及び処理水量					
				処理面積	晴天時処理水量	雨天時処理水量			
				ha	㎡/日	㎡/日			

処理場配置図 1/○○

○処理施設の構造及び能力調書

名称		構造又は形式	形状寸法	能力又は容量	放量	竣工年月日	運転開始年月日	摘要	名称		構造又は形式	形状寸法	能力又は容量	放量	竣工年月日	運転開始年月日	摘要
下水処理施設	流入管きょ			㎡/秒	m				汚泥処理施設	汚泥濃縮タンク			㎡	基			
	沈砂池			㎡	池					汚泥消化タンク			㎡	基			
	ポンプ室			㎡	棟					汚泥洗浄タンク			㎡	組			二段向流式
	汚水ポンプ			㎡/秒	台					汚泥脱水機			sskg/時	台			
	予備エアレーションタンク			㎡	基					汚泥焼却炉			t/日	基			
	最初沈殿池			㎡	池				共通施設	ガスタンク			㎡	基			
	エアレーションタンク			㎡	基					管理棟			㎡	棟			
	送風機			㎡/分	台					受変電所			KVA	式			
	最終沈殿池			㎡	池												
	消毒設備			㎡	基												
	放流管きょ			㎡/秒	m												

(注) 名称欄に記載されていない施設がある場合は、適宜追加して記入すること。
　　 摘要欄には機械等の製造メーカー等の名称等を記入する。

2) 供用開始等の公示

① 排水区域の公示

　公共下水道管理者は、公共下水道の供用を開始しようとするときは、あらかじめ、供用開始すべき年月日、下水を排除する区域（排水区域）等を公示し、これを表示した図面を下水道管理者の事務所において一般の縦覧に供しなければなりません（公示内容を変更する場合も同様）（下水道法第9条第1項、下水道法施行規則第5条）。

　排水区域の公示が行われると、当該区域内の土地の所有者等は、遅滞なく、当該土地の下水道を公共下水道に流入させるために必要な排水設備を設置する義務（接続義務）が生じることとなりますので（下水道法第10条第1項）、この公示は私人の権利義務に直結する大変重要なものであり、遺漏なく行う必要があります。

　排水区域の公示については、合流式の場合や、分流式でも汚水管と雨水管が同時に建設・供用開始される場合は、汚水処理・雨水処理が一体となった公示1本でよいわけですが、分流式で汚水管と雨水管の建設・供用開始が同時に行われない場合は、汚水管のみ、又は雨水管のみの排水区域の公示を行うこととなります。なお、雨水管への接続義務については、直接雨水管につなぐ場合のほか、宅地の雨水を排水設備を設けて一旦道路側溝等に排出させる場合でも、当該側溝等を通じて何ら問題なく雨水管に流入されると公共下水道管理者が認める場合には、接続義務を果たしていると取り扱うことも可能であると考えられます。

② 処理区域の公示

　公共下水道管理者は、終末処理場（公共下水道又は流域下水道）による下水の処理を開始しようとするときは、あらかじめ、処理を開始すべき年月日、下水を処理する区域（処理区域）等を公示し、こ

第4章

下水道の管理運営

れを表示した図面を下水道管理者の事務所において一般の縦覧に供しなければなりません（公示内容を変更する場合も同様）（下水道法第9条第2項、下水の処理開始の公示事項等に関する省令第1条）。

処理区域の公示が行われると、当該区域内において水洗化されていないトイレが設けられている建築物の所有者は、処理開始の日から3年以内に、水洗トイレに改造する義務が生じることとなりますので（下水道法第11条の3）、この公示も私人の権利義務に直結する大変重要なものであり、遺漏なく行う必要があります。

6 建設・維持管理の資格制度、維持管理業の登録制度

1）建設・維持管理の資格制度

公共下水道管理者・流域下水道管理者は、下水道の設計・工事の監督管理、維持管理のうち一定の業務（具体的には、設計・工事の監督管理については、排水施設・処理施設・ポンプ施設の設置・改築、維持管理については、処理施設・ポンプ施設の維持管理）については、政令で定める資格要件（必要な学歴等の要件と、それに応じた実務経験年数の要件）を満たす者以外に行わせてはならないことになっています（下水道法第22条、第25条の30）。

このような制度が、ダムの管理などを除き、公物管理法体系の中であるのは異例ですが、これは、下水道事業が特殊な知見を必要とし、かつ浸水被害の防止、公衆衛生の確保、公共用水域の水質保全等といった人の生命、健康に密接にかかわる事業であることを踏まえたものであると考えられます。

この下水道法の建設・維持管理の資格制度のこれまでの経緯は、図表150のとおりですが、このような経緯で、現在の資格要件は図表151のとおりになっています。

　なお、資格要件を満たす者については、基本的には行政側で確保することを想定していますが、処理施設等の包括的民間委託については、民間事業者が維持管理に関して実質的な責任を負う場合があるので、そのような場合には、民間事業者側で確保すればよいことになっています。

図表150　下水道法の建設・維持管理の資格制度の経緯

①立法時（昭和33年）
　本制度は、昭和33年の下水道法制定当初から設けられていた。もっとも、当時は業務区分が「計画設計」と「実施設計・工事の監督管理」の2区分のみで、「維持管理」はなかった。このことには、立法当時は当然ながら新設に力点が置かれていたことに加えて、これから下水道事業に着手しようという地方公共団体において、下水道の維持管理に精通した職員を配置すること自体が困難であったという背景があったものと考えられる。また、当時は「実施設計・工事の監督管理」を、処理施設・ポンプ施設を対象とするものと、排水施設を対象とするものとに区分する考え方もなかった。

②維持管理の追加（昭和46年）
　昭和46年に、下水道法施行令第15条の2及び第15条の3が新設され、業務区分に維持管理が追加された。この政令改正は、昭和45年のいわゆる公害国会を経て水質汚濁防止法が制定され、下水道法の目的に「公共用水域の水質の保全に資すること」が追加されるなど、水質保全に関する様々な見直しがなされたことを受けて行われたものである。公共用水域の水質保全に重要な役割を果たす下水道施設の維持管理にも本制度の射程を及ばせることにより、当時の社会的要請に応えようとしたものである。なお、維持管理に係る対象施設はこの時点から処理施設・ポンプ施設に限定され、現在に至るまで変化はない。

③実施設計・工事の監督管理の細分化・日本下水道事業団の技術検定合格者に係る要件の追加（昭和50年）
　昭和50年の政令改正で、実施設計・工事の監督管理の対象施設を処理施設・ポンプ施設と排水施設とに分け、後者の実務経験年数が前者の1／2に緩和されるとともに、日本下水道事業団において技術検定が開始されたことから、これの合格者に係る要件が追加された。

④包括的民間委託の受託事業者における有資格者の配置（平成16、17年）
　運用面の見直しとして、平成16年3月と平成17年3月に国土交通省から運用通知が発出され、包括的民間委託の活用時において、受託事業者が維持管理に関して実質的な責任を負うのであれば、受託事業者側に維持管理に係る有資格者を置けばよい取扱いとされた。

⑤実務経験年数要件の見直し（平成27年）

　平成27年の政令改正で、地方公共団体からの要望も踏まえ、下水道固有の専門的知見については、実務経験年数が半分程度に短縮され、また、行政マネジメントの専門的知見については、これまでの実務経験年数を維持するが、実務経験の対象を下水道に加え、類似の施設（例：上水道、工業用水道）まで拡大することとされた。

図表151　下水道の設計者等の資格に要する経験年数

【表記例】

7 (3.5)

下水道を含む関連インフラの経験を合算した全体の経験年数

全体の経験年数のうち下水道の経験年数

＜関連インフラ＞
計画設計及び実施設計・工事の監督管理の場合 ～ 下水道、上水道、工業用水道、河川、道路
維持管理の場合 ～ 下水道、上水道、工業用水道、し尿処理施設

卒業・修了した学校等	卒業・修了した学科等	履修した科目等	計画設計	実施設計・工事の監督管理		維持管理（処理施設・ポンプ施設）	根拠規定
				処理施設・ポンプ施設	排水施設		
大学	土木工学科、衛生工学科又はこれらに相当する課程	下水道工学	7 (3.5)	2 (1)	1 (0.5)	2 (1)	施行令第1号
大学	土木工学科、衛生工学科又はこれらに相当する課程	下水道工学以外	8 (4)	3 (1.5)	1.5 (1)	3 (1.5)	施行令第2号
短期大学 高等専門学校	土木科又はこれに相当する課程	-	10 (5)	5 (2.5)	2.5 (1.5)	5 (2.5)	施行令第3号
高等学校 中等教育学校	土木科又はこれに相当する課程	-	12 (6)	7 (3.5)	3.5 (2)	7 (3.5)	施行令第4号
上記に定める学歴のない者		-	10 (5)	5 (2.5)	10 (5)	施行令第5号
大学院	5年以上在学	下水道工学	4 (2)	0.5 (0.5)	0.5 (0.5)	0.5 (0.5)	施行規則 共同省令 第1号
大学院 大学の専攻科	1年以上在学	下水道工学	6 (3)	1 (0.5)	1 (0.5)	1 (0.5)	施行規則 共同省令 第2号
短期大学の専攻科	1年以上在学	下水道工学	9 (4.5)	4 (2)	2 (1)	4 (2)	施行規則 共同省令 第3号
専修学校又は各種学校（告示委任）	国土建設学院の上下水道工学科等	下水道工学	10 (5)	5 (2.5)	2.5 (1.5)	-	施行規則 第4号
外国の学校		日本の学校における学歴、経験年数に準ずる。					施行規則 第5号 共同省令 第4号
指定試験（告示委任）	下水道管理技術認定試験（処理施設）	-	-	-	2 (1)	共同省令 第5号
指定講習（告示委任）	国土交通大学校の専門課程下水道科研修	-	(2.5)	2.5 (1.5)	-	施行規則 共同省令 第6号
	日本下水道事業団の下水道の設計又は工事の監督管理資格者講習会	-	(2.5)	2.5 (1.5)	-	
	日本下水道事業団の下水道維持管理資格者講習会	-	-	-	5 (2.5)	
日本下水道事業団の第一種技術検定合格		5 (1.5)	2 (0.5)	1 (0)	-	施行令第7号
日本下水道事業団の第二種技術検定合格		-	2 (0.5)	1 (0)	-	
日本下水道事業団の第三種技術検定合格		-	-	-	2 (0)	
技術士法による二次試験（部門・科目は告示委任）	科目として下水道を選択し上下水道部門に合格	0 (0)	0 (0)	施行令第8号
	科目として水質管理又は廃棄物管理を選択し衛生工学部門に合格	-	-	-	0 (0)	

2）維持管理業の登録制度

①　下水道処理施設維持管理業者登録制度

　地方公共団体が下水処理場の維持管理業務を民間事業者に委託する場合に、入札時の資格要件や評価要件として活用してもらえるように、昭和62年（1987年）に、建設省告示により、「下水道処理施設維持管理業者登録制度」が創設されました。

　本制度の登録要件は、①営業所ごとに、管理業務の技術上の管理をつかさどる専任の「下水道処理施設管理技士」（必要な学歴等の要件とそれに応じた実務経験年数の要件を満たす者）を置く者、②契約を履行するに足りる財産的基礎又は金銭的信用を有しないことが明らかでない者、となっています。

　本制度は、平成13年（2001年）以降は、各地方整備局等で業務が行われており、現在、データベースの電子化により、地方公共団体は、各地方整備局等で全国の登録業者情報を閲覧することができます。令和4年（2022年）4月時点の登録業者は、596社です。

②　下水道管路管理業登録制度

　管路の管理業については、国の制度ではありませんが、処理施設の業者登録制度と同様の制度として、（公社）日本下水道管路管理業協会が実施している「下水道管路管理業登録制度」（総合管理部門、清掃部門、調査部門、修繕・改築部門）があります。

　本制度の登録要件は、①原則として、営業所ごとに専任の「下水道管路管理技士」（（公社）日本下水道管路管理業協会が実施している資格制度）を置く者、②財産的基礎又は金銭的信用を有する者、③管路管理に必要な機材を有する者、となっています。

　業者の登録状況については、（公社）日本下水道管路管理業協会のホームページで閲覧ができます。令和4年（2022年）3月時点の登録業者は、355社です。

第4章　下水道の管理運営

著者略歴

藤川　眞行（ふじかわ　まさゆき）

昭和45年(1970年)三重県生まれ。平成5年(1993年)東京大学法学部卒・建設省（現・国土交通省）入省。水管理・国土保全局下水道部下水道管理指導室長（平成27年（2015年）法改正担当）、管理企画指導室長、関東地方整備局用地部長（全国用対連事務局長）、水管理・国土保全局水資源政策課長・内閣官房水循環政策本部事務局参事官、不動産・建設経済局総務課長等を経て、現在、首都高速道路（株）経営企画部長。

【編著（共編著含む）】

『都市水管理事業の実務ハンドブック』(日本水道新聞社)、『逐条解説　下水道法　第四次改訂版 』(ぎょうせい)、『逐条 海岸法解説』(大成出版社)、『新版 公共用地取得・補償の実務』(ぎょうせい)、『新版 わかりやすい宅地建物取引業法』(大成出版社)、『街づくりルール形成の実践ノウハウ（都市計画・景観・屋外広告物)』(ぎょうせい) 等

福田　健一郎（ふくだ　けんいちろう）

昭和60年（1985年）千葉県生まれ。平成19年（2007年）早稲田大学政治経済学部政治学科卒・(株) 野村総合研究所入社。平成24年（2012年）EY新日本有限責任監査法人入社。現在、EYストラテジー・アンド・コンサルティング(株)インフラストラクチャーアドバイザリーアソシエートパートナー。

【編著（共編著含む）】

『PPP/PFI 実践の手引き』(中央経済社)、『フランスの上下水道経営』(日本水道新聞社) 等

いちからわかる下水道事業の実務
—法律・経営・管理のすべて—

令和4年12月15日　第1刷発行

著　者　藤川　眞行

　　　　福田　健一郎

発　行　株式会社**ぎょうせい**

〒136-8575　東京都江東区新木場1-18-11
URL：https://gyosei.jp

フリーコール　0120-953-431

ぎょうせい　お問い合わせ　検索　https://gyosei.jp/inquiry/

〈検印省略〉

印刷　ぎょうせいデジタル株式会社　　　　　　©2022　Printed in Japan
※乱丁・落丁本はお取り替えいたします。

ISBN978-4-324-11174-1
(5108815-00-000)
〔略号：いちから下水〕